概念与空间
——现代室内设计范例解析

李 建 主编

中国建筑工业出版社

《概念与空间》
——现代室内设计范例解析

编委会名单

主任：李　建
委员：李　卫　温旭东　曾祥洪
　　　王　萌　吴育永　罗　沫
主审：张维君

序

已久不见"莲花",看到之后你再也不会觉得"牡丹"凡俗之美;新书《概念与空间》像一阵清新空气吹进了中国室内设计界。晃如感受大自然林荫深处的奥秘与诱惑,一些人不得不重新审视自己对现代室内空间认识的肤浅,审视知识与匠人两者不同层面的灵魂追索。

《概念与空间》解读21世纪室内设计学原理和概念再认识,即:技术与科学、文化与艺术、沉积与修养的深刻内涵,令业内同行耳目一新。为从事现代设计教育、培训的人员及专职室内设计师提供了一次难得的学习和借鉴机会,起到启心明智的引导作用。笔者为此而感到欣慰。

凡俗之物,应点到为止,切记不可滥用。近些年来,一些依赖于电脑制作的效果图,工程施工图解一类书充斥图书市场,这些东搬西套,形式内容雷同,质量低劣而价格不菲,带有明显商业投机的作品泛滥成灾,愈演愈烈。长此下去无疑将对我国设计界形象产生不利影响和损害,应引起设计界专家、学者和工程科技人员的热切关注。

树立全新室内空间系统科学概念,打破单一思维创作定式,是如今设计者的不断追求和探索。《概念与空间》的作者把握这一理性脉络,在创作中突出强调设计作品整体与局部、疏密与简约、情节与趣味的有机联系,使作品达到自由升华。如果没有深厚的功力和灵活的头脑及良好的修养是难以进入这种境界的。

随着我国加入WTO、申奥成功,国内建筑业投资迅速升温,呈现一派灿烂前景。海归派设计师及国内本土设计师踌躇满志、雄心勃勃。中国建筑装饰业出现从未有过的激烈竞争,这种竞争,锻炼和造就了大批优秀人才。创造"品牌""明星""名作"的大手笔将层出不穷,我国设计界会更加争艳和美丽。世界艺术大师毕加索说:我的艺术不是发现,而是创造。"机遇"为中青年设计师搭建自由公平竞争的舞台,只有珍惜才能创造更完美的佳作。

张维君
2004年元月于深圳

目 录

序

效果图部分

公 司

1. 中国联通重庆分公司综合大楼 — 6
2. 桂林国际会议中心 — 18
3. UT斯达康(中国)有限公司深圳分公司 — 30
4. 广东省广电集团汕尾供电分公司电力生产调度中心楼 — 34
5. 北京电子科技研究中心大厦 — 48

商 用

1. 重庆市水上白宫 — 56
2. 拉萨九九火锅城大酒楼改造工程 — 62
3. 重庆小天鹅深圳店装修改造工程 — 72
4. — 78
5. 深圳华神川菜火锅城 — 86
6. 巴蜀风 — 98

办 公

1. 西安地税大厦 — 112
2. 天津市第一中级人民法院(方案) — 120
3. 新疆公安厅消防局 — 128

教 育

1. 上海外国语大学松江校区图文信息中心大楼 — 140
2. 四川美术学院图书馆改造工程 — 152
3. 重庆美术馆(方案) — 170
4. 碧波中学教学楼改造装饰工程 — 182

其 他

1. LG员工活动中心 — 190
2. 武汉销品茂购物广场 — 193
3. 时光隧道夜总会 — 196
4. 昆明剧院 — 200
5. 昌河铃木汽车专卖店 — 204

施工图部分

公 司

1. 中国联通重庆分公司综合大楼 — 206
2. 桂林国际会议中心 — 226
3. UT斯达康(中国)有限公司深圳分公司 — 230

商 用

1. 拉萨九九火锅城酒楼改造工程 — 260
2. 小天鹅深圳店装修改造工程 — 264
3. 重庆小天鹅集团南滨食府室内装饰工程 — 270

办 公

1. 西安地税大厦 — 298
2. 新疆公安厅消防局 — 306

教 育

4. 深圳碧波中学教学楼改造装饰工程 — 314

中国联通重庆分公司综合大楼

业主：中国联通重庆分公司

地点：重庆市

面积：建筑面积约24000m²

基地概述：

中国联通重庆分公司综合楼，是中国联通公司西部地区标志性大楼。地下4层，地上20层，为框剪结构。综合楼整体可划分为一、二层大堂多功能会议层；三至十七层为标准办公层（包括办公、会议接待、储藏、休闲）；十八、十九层为领导办公层，二十层为空中花园。

深圳市点线面空间设计有限公司
Dot-Line-Plane Space Design
Limited corporation, Shenzhen

Space Design

在大堂的设计中，单是大块材质处理，我们感觉到很难从中找到些亮点，它固然可以满足我们对大块面空间的设计要求，但它并不精彩，支点玻璃的采用弥补了我们在这一点上的缺憾，更加完整了在大空间中的光影效果，从而使整个大堂空间精简呼应。顶棚的中国结造型无疑只能是联通特有，和地面的光影张扬地体现出联通的个性。显示屏的处理应证了联通——把最好的服务给客户的理念。对大堂空间大胆的简约处理，体现出联通大气、高效、超前的形象特点。沿承大堂的设计理念，在空间上部采取了传统的云纹处理，这和联通的中国结正是异曲同工，使联通的意念完整地融合在电梯间小空间里。

在雨棚设计上考虑到联通的对外形象、企业特性，我们大胆地对立柱采用了握手造型，而屋面层正好利用其原来特有的形式，采用钢架造型，挑挂热弯玻璃，整体给人以亲近、现代的结构派整合。

总经理办公室为六连穿套式设计，内设小会议室、接待室、办公室、休息室、卫生间、衣帽间，从功能上力求最大限度满足使用者需求。空间分隔上采用全封闭、半封闭两种手法，在入口处加设一层门，提升空间层次感。会客空间与办公空间通过造型对应原建筑物喻意分隔。而又通过波浪型顶棚形式的转换形成有机的连贯性。

位于大厦二层的多功能大会议室，由于功能的要求，不仅要满足三百多人的大型报告会，而且还要灵活机动地同时并存三四个小型会议。基于此，设计中试图来应对室内空间未来可能出现的各种变化，同时又不影响整体效果。这种灵活性一方面将线条组合成面，同时又将区域分割成线条，利用线和面来取得一种特殊的设计效果，包括反射、灯光等特殊效果，……每天都有所变化，永远不拘一格，舒适、透明、开放的气息为原本呆板的长方体空间注入了新鲜的活力，加上现代化的设备：放映机、投影设备、数码声电设备，总体自动化控制等与灯光照明相结合，营造出一种开放而舒适的室内氛围。

会议中心墙面通过弧形透光微孔铝板造型、波浪型顶棚造型及简洁的主立面形式处理，着重展现企业的稳重与创新。U型的双重会议桌及主体的单排桌，提升会议的交互性及合理性，同时在会议室中采用了先进的音响、同声翻译系统，突出企业的时代气息。

考虑到部门的多样性，在空间布局上采用了分区排布的方式。领导办公区分别分布于总平面四个角，中部为半开敞式员工办公区。通过开放式顶棚、半开放及部分封闭式顶棚的相互渗透，以中部会议室为核心将各空间统一为一体。

营销部，为对外业务部门，在设计中引入了"以客户为中心"的设计构思。强调楼层的开放性、亲和力、凝聚力。楼层的中心为全通透玻璃隔墙会议室，四角为半透挂帘，并配备网络会议系统，方便与客户的全视角沟通。会议室外围为一圈绿色植物绿化带。北侧呈半开敞办公区，南侧为全开敞员工办公区。三个区域相互穿插渗透，增强了空间交互性及亲和力，同时烘托出中心会议室的凝聚力。三部分空间分别以暴露式顶棚、封闭式顶棚及半封闭顶棚以空间形式一一对应，在提升空间高度的同时，增强了空间的开阔感。顶棚上蓝色的风管将整个空间有机地连为一体。

在十四层和十六层的平面布置中，空间组织方式以一间面积约30m²的会议室为核心，并以此作为共同的参照点。会议室内围现有的四根基柱，分别以矩形和圆形呈现。隔墙材料采用通明玻璃。体现一种明亮、轻盈的环境特色，并从办公区的任何角度吸引人们的视线。在十六层的小型会议室设置了小型室内绿化空间，使大部分的工作区域有一种开敞之感，并能共享舒怡视景。连续而开敞的办公区紧靠建筑的周边布置，这种连续性为部门的压缩和扩充提供了最的大的灵活性。

桂林国际会议中心

业主：桂林国际会议中心

地点：桂林市

面积：5000m²

深圳市点线面空间设计有限公司
Dot-Line-Plane Space Design
Limited corporation, Shenzhen

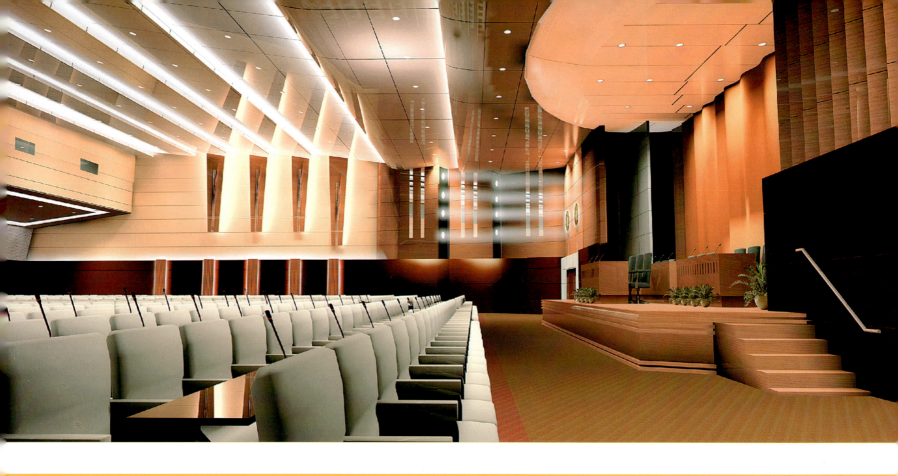

在国际会议厅功能定位的前提下，鉴于对声学的要求，通过对其内部空间的有机设计，材料的选择、安排以及吊顶的处理以使方案达到预期的目标。会场前侧大面积樱桃木衬托出严肃的气氛，稳重、大方；两侧夹墙满足空间输送要求；夹墙外采用木白色、咖啡色软分割，加之上下的木质造型，增强整个侧墙层次，节奏感；尤其顶棚采用成角交错吊装，使声频有效达到会场后部空间，灯光的处理使整个会场的空间得以延续，更具有现代感，考虑到会场功能的延续，使用了升降舞台及上方的升降灯架，以适应不同功能的要求。

DOT-LINE-PLANE Space

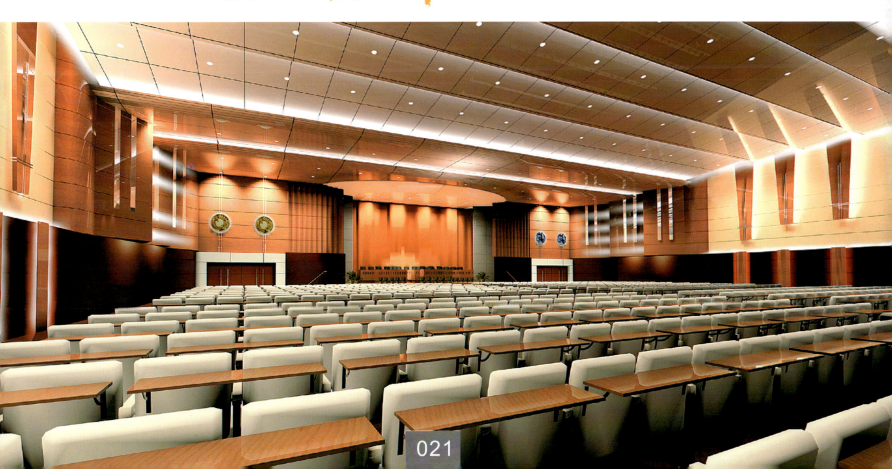

多功能厅正面效果图

多功能厅侧面效果图

相对而言，在定位较为活跃、轻松的多功能厅，樱桃木的使用延续了国际会议厅的特点，以使之统一于严谨的氛围中。

同时，对顶棚的大胆处理以及侧墙米白色软包的叠出，增强了多功能厅时尚、大方的气息；而为整个设计焦点的正面主体墙面充分采用玻璃、木造型，配合灯光大胆的处理，使多功能厅集稳重、现代于一身。

PLANE Space

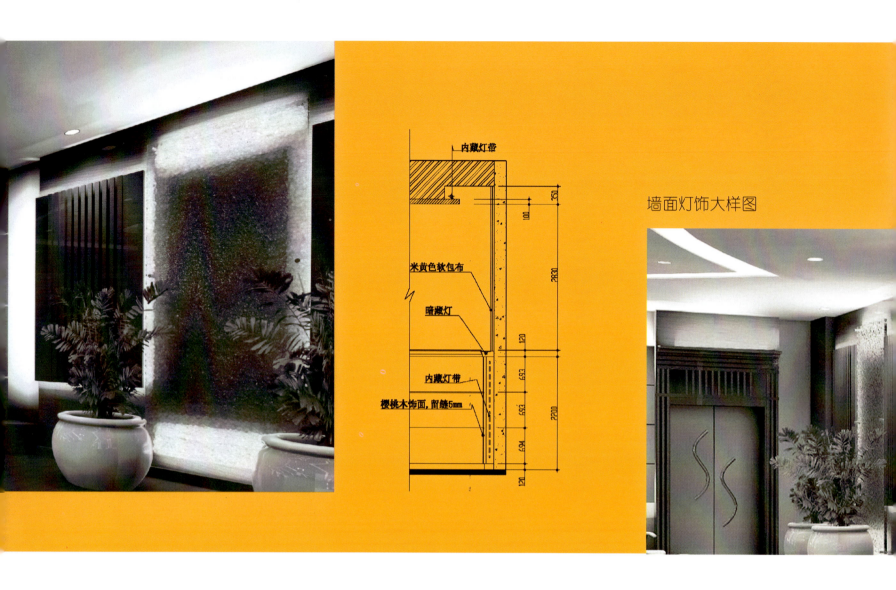

墙面灯饰大样图

墙体选用樱桃木与米白色软包相间组合

多功能厅主墙体饰面

DOT-LINE-PLANE Space

Space Design

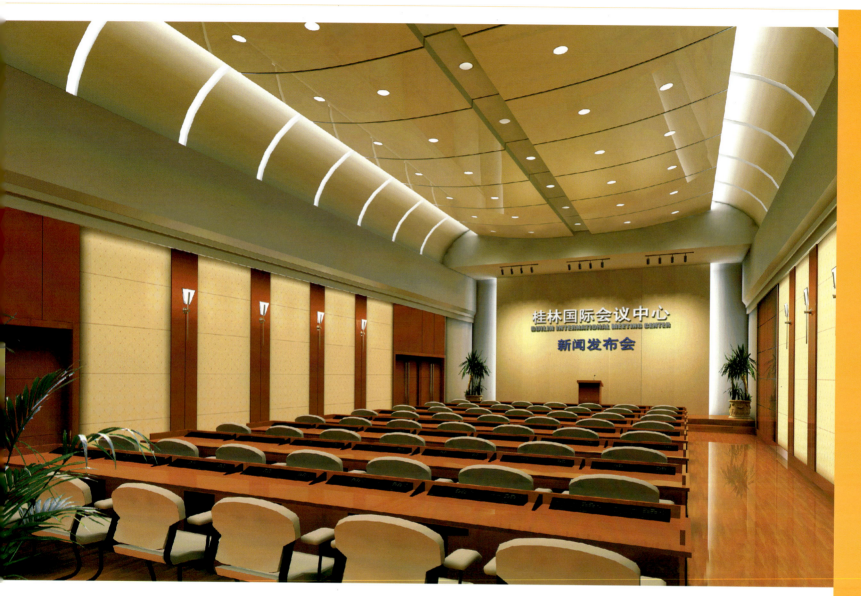

大会议室效果图

在这个180m²的大会议室里，可以随时举行60人左右规模的新闻发布会和记者招待会。墙体选用樱桃木与米白色软包相间组合，形成有序的节奏感。而弧形灯槽更确定了上升的曲线。同时，也突出了顶　中部的反向弧，使整个大会议室在宁静的空间气氛中显得庄重而和谐。

小会议室效果图

小会议室的顶棚处理力求简洁明了,在灯光的照映下与墙身的浅米色软包融为一体,而正面主题墙的跌级内藏电动投影幕布和配有笔记本电脑的会议桌满足了信息时代多媒体演示的要求。在墙裙部分采用进口樱桃木饰面与地面材质上下呼应,其宜人的尺度给人带来亲和力。

三层休闲中心效果图

根据桂林城市的特定的人文与自然环境，在注重传统园林空间的手法上，运用现代的设计理念，以其流畅的线条，采用动与静结合，区域概念手法，将人置身于其中，具有很好的观赏功能、休息功能，形成可看、可憩、可谈、可饮的物质空间，与精神空间有机结合在一起，很好地通过其空间的科学设计释放人们的工作压力，给人带来轻松感。

卫生间效果图

运用"以人为本"的科学的设计规划理念,将空间分为化妆间、洗手间、小便区、大便区及残疾人专用区,以满足国际会议中心辅助空间所应具备的各种开会人的需求,在空间的处理手法上寻求明快、卫生、现代的洗手间新形象。

DOT-LINE-PLANE Space Design

UT斯达康（中国）有限公司深圳分公司
UTStarcom(china)Ltd.shenzhenOffice

业主：斯达康（中国）有限公司
地点：深圳市深南大道
面积：约9830m²

接待前厅效果图

办公区走廊效果图

广东省广电集团汕尾供电分公司电力生产调度中心楼

业主：广东省广电集团汕尾供电分公司

地点：广东省汕尾市城区汕尾大道北香洲头

面积：总建筑面积14560m²

基地概述：

广东省广电集团汕尾供电分公司电力生产调度中心楼位于广东省汕尾市城区，汕尾大道北香洲头，是汕尾电力系统的对外窗口。其总建筑面积14560m²，其中主楼13734.6m²，附楼825.4m²。以功能形式划分，大体可分为，一楼对外层，二至十三层为办公层，十四至十六层为中心控制层。

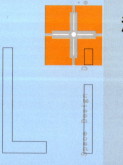

深圳市点线面空间设计有限公司
Dot-Line-Plane Space Design
Limited corporation, Shenzhen

走入电力大厦,首先映入眼帘的是大堂中部的动态立体水景、两侧凝重的四根花岗石圆柱,配合中间的水景,通过动静对比,给人一种浑厚却又不乏激情的动感。圆柱后的主体花岗石墙面透出的光带,带出了电力大厦的活力与清新。在中心水景后面,是大厦一层电梯厅。总体来说,设计由简洁的形态,现代实用的风格,鲜明地展现了现代电力企业雄厚的商业基础,卓越的管理水平及无限的发展潜能。

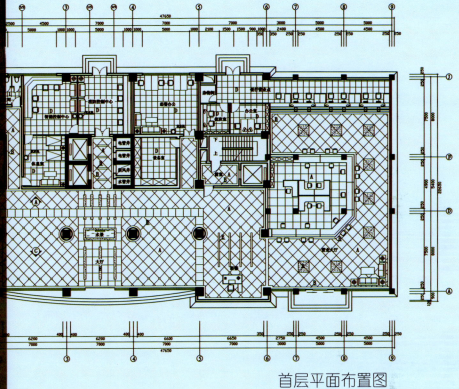

首层平面布置图

材料索引表

A. 800×800进口花岗石铺地
B. 进口深色花岗石波打边
C. 800×800玻化地砖
D. 600×600防滑抛光地砖
E. 进口大理石
F. 复合木地板
G. 防污环保地毯
H. 600×600防静电地板
I. 轻钢龙骨、石膏板吊顶、面层ICI乳胶漆
J. T型龙骨、600×600硅钙板吊顶
K. 铝塑板吊顶
L. 400×400防滑地砖

大堂A立面图

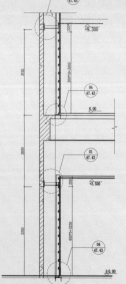

说明：

1. 图中索引材料编号为：
   ① 膨胀螺栓M14X120
   ② 预埋件(1)-12X300X300
   ③ 热镀锌支架角钢∠10/6.3X8
   ④ 热镀锌方通立柱120X80X4
   ⑤ 预埋件(2)∠200X120X12(钢板焊制)
   ⑥ 热镀锌M10X70螺栓
   ⑦ 不锈钢挂件-3X45X70(仅用于300X600系列挂石)(成品)
      -4X50X70(用于1200X600墙面挂石)
   ⑧ 热镀锌方通50X50X2.5
   ⑨ 硅酮密封胶
   ⑩ 预埋件(2)-12X250X300
   ⑪ φ10泡沫棒
   ⑫ M12X350穿墙螺栓
   ⑬ -6X260X260垫板

2. 图中、角钢、方通和螺栓均为表面热镀锌材料，预埋件钢板及焊口表面要求清理除锈干净后涂防锈漆二道，银灰漆二道。

3. 不锈钢干挂件采用-3X45X70(用于300X600挂石面)和-4X50X70(用于600X1200挂石面两种标准的等系列产品，化学成分为Gr18Ni9Ti。

4. 所有焊接要均匀饱满不允许出现夹渣未烧透等不合格质量，焊条采用T455#正牌焊条。

上图：大堂的右侧为营业大厅，为大厦主要对外窗口，主要材料同样是大堂及电梯厅的延续，利用空间的层高及蓝色开放式服务台，强化了空间的亲和力，塑造出现代企业以客户为中心的企业文化。

材料样板

一层电梯厅是大堂设计的延续，同时运用空间的大小对比，进一步加强及浓缩了总体设计理念。电梯厅墙面利用石材自身的材质特点加强了墙体的质量感，同时利用倒三角及墙面顶棚上部的光影处理，增强了上下部空间的对比，使电梯厅在凝重中带有蒸腾，再加以墙面上部的龙纹饰样，充分体现蓬勃发展的企业内涵。

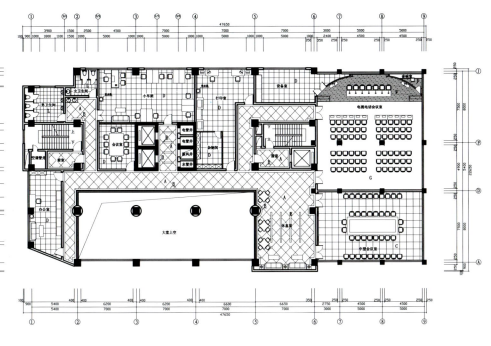

材料索引表

A. 800×800进口花岗石铺地
B. 进口深色花岗石波打边
C. 800×800玻化地砖
D. 600×600防滑抛光地砖
E. 进口大理石
F. 复合木地板
G. 防污环保地毯
H. 600×600防静电地板
I. 轻钢龙骨、石膏板吊顶、面层ICI乳胶漆
J. T型龙骨、600×600硅钙板吊顶
K. 铝塑板吊顶
L. 400×400防滑地砖

二层平面布置图

下图：二层电视电话会议室

在三层大报告厅设计方面主要通过满足大报告厅功能要求及与整体室内相呼应，以抽象化建筑符号和明快的色彩、丰富的材质感受来体现。大厅顶棚整体做成弧形，在充分利用现有建筑净空高度的同时满足空调敷设的要求，墙面的矩形块面内嵌矿棉，在达到吸声要求的同时反射侧投光，使空间明亮。材料则选用无机织物、木、石材、砂钢等自然和新型材料进行排列组合，使木的天然健康，石材与砂钢组合的高档气派的特点融合一体。

三层平面布置图

材料索引表

A. 800×800进口花岗石铺地
B. 进口深色花岗石波打边
C. 800×800玻化地砖
D. 600×600防滑抛光地砖
E. 进口大理石
F. 复合木地板
G. 防污环保地毯
H. 600×600防静电地板
I. 轻钢龙骨、石膏板吊顶、面层ICI乳胶漆
J. T型龙骨、600×600硅钙板吊顶
K. 铝塑板吊顶
L. 400×400防滑地砖

上图：总经理办公室

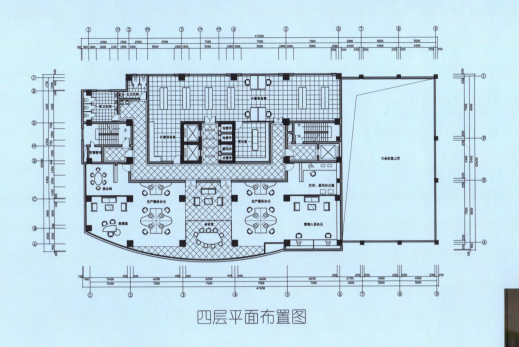

四层平面布置图

下图：大厦的主楼办公区域多采用开敞式办公空间，空间组合紧凑合理，区域划分明确，运用玻璃隔墙、隔断，丰富空间的层次，使办公室内丰富、亲切，营造出富有活力的企业氛围。

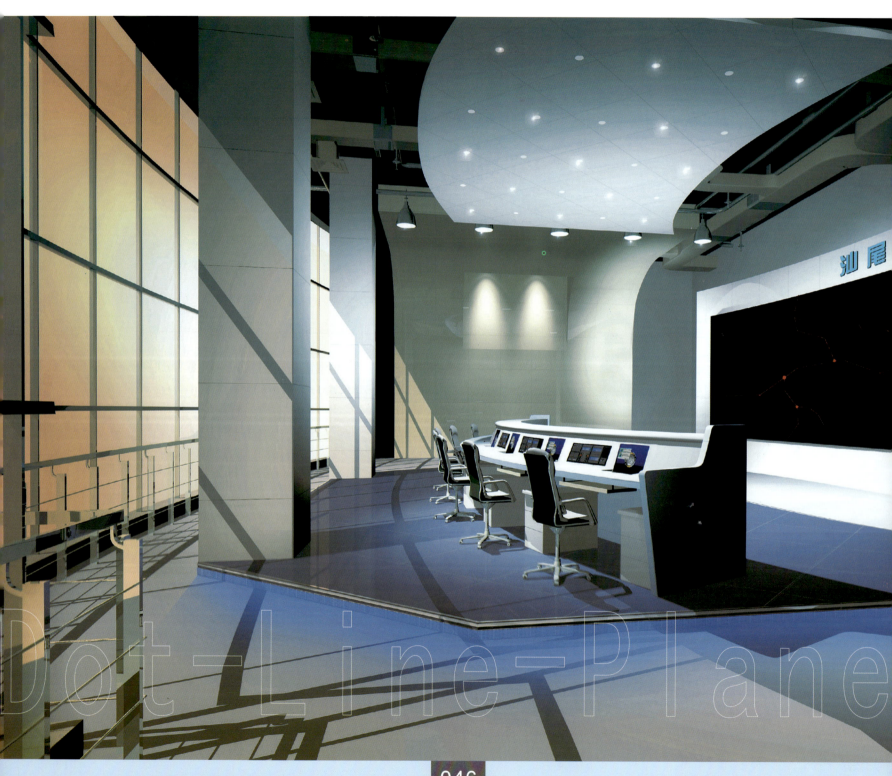

左图：位于大厦顶部中心位置的调度中心，空间开敞，简洁半暴露式顶棚更显空间的高度，中部地面的控制台区域以光带起台形式突出中心控制感，周围则以简洁的造型墙烘托中心区的控制台及显示屏，使现代高科技的电力系统调控中心更显稳健与专业。

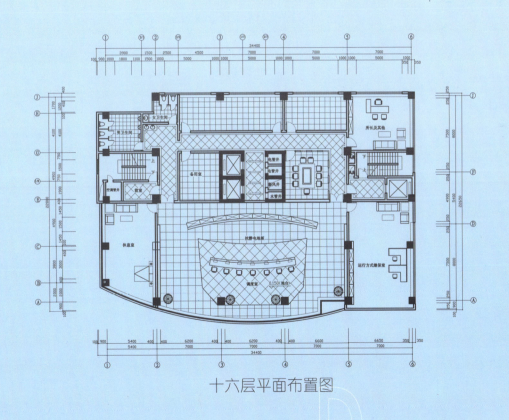

十六层平面布置图

北京电子科技研究中心大厦

业主：北京电子科技研究中心

地点：北京新兴电子科技城中心地段

面积：建筑面积约22035m²

基地概述：

北京电子科技研究中心大厦，地处北京新兴电子科技城中心地段，位置显赫，肩负着电子科技城的总体规划与管理。

深圳市点线面空间设计有限公司
Dot-Line-Plane Space Design
Limited corporation, Shenzhen

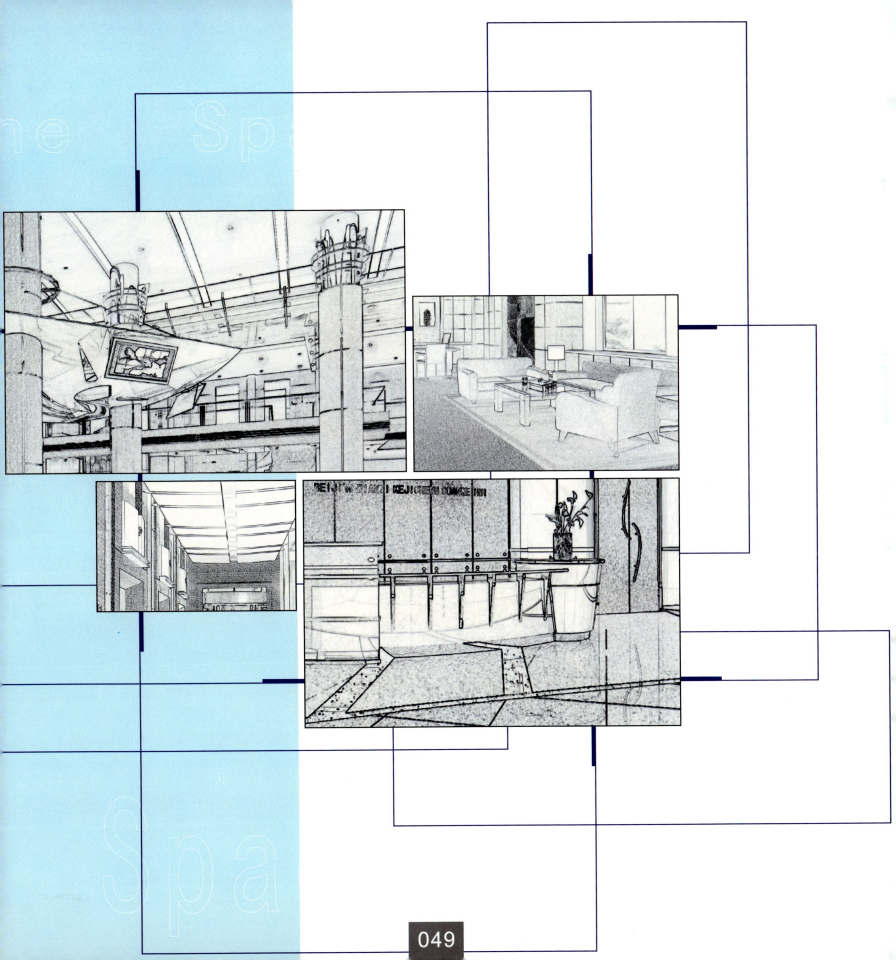

我们认为，把握时代命脉，追求开拓、创新、简洁、环保的现代意识与科技特征相结合的设计理念应是贯穿整个建筑室内空间的基本要素。首先，大堂的中心为总服务台，为了强调空间的开放性和流通性，在它的上端设计了三点支撑的悬拉式钢结构和轻质铝板结合的局部吊顶，与大堂中心的柱子联系起来，形成大堂空间的视觉中心。透过其间，人们的视线可直视大堂最里层。带金属浮雕的墙面与二层跑马廊空间形成垂直对比，总服务台的两侧，成南北水平方向自然延伸。商务客人可在总台问讯或自助查阅触摸式显示屏后通过南北两侧自然分流至电梯厅，这种垂直和水平空间的设计形成了最便捷的交通人流组织空间，其开放性和流通性显而易见。其次，大堂的中心服务台人机合一，兼具了多功能电子商务配套设施和方便性，在它的上部，有悬挂式液晶显示屏，可不间断显示电子科技动态。在服务台的后面是客人的休息区域，南北两侧则是电子商务网吧、票务中心、书店、银行及电梯厅的两侧入口设置的楼层功能指示牌等。这种多功能的配套设计，营造了动态的室内环境，体现了客户至上的精神和特点。然后，通过浅白色不同明度的花岗石、不锈钢、玻璃、铝板等高科技硬质"环保"材质与植物、水面等软性材质的有机结合，灯光的合理运用，让整个大堂空间呈现一种高科技含量及环保理念的现代蓬勃生机景象。

下图：门厅的设计为很有张力的大弧线，使人产生强烈的导向性和方向感，接待台选用玻璃、紫蓝色不锈钢和金色铝板搭配，既有科技特征，又突破单调的浅灰色调，显得生机盎然。

左图：开敞式办公区

下图：洽谈室

根据不同的功能需求，我们采用不同的方位和形式以达到最佳办公空间的效果，同时通过不同材质的有机转换、光源的合理设置，在有限的空间里追逐无限的感受。

随着现代商业和科技的发展，抛弃庞大而繁琐的作风，人们更喜爱简洁、明快的工作环境，因此在办公空间的设计中我们注重体现一种随意、舒适、动态、高效多种功能的办公空间。这种环境空间有利于提高员工的工作效率，帮助员工及客户有效地实现自己的奋斗目标。这是一种现代的征兆，是时代发展之必然。

左图：总经理办公室

重庆市水上白宫

业主：重庆市雅洲乐园

地点：重庆市渝北区

面积：建筑面积5000m²

基地概述：

重庆市水上白宫位于重庆市渝北区，整个建筑坐落在一个人工湖心的半岛上，三面环水，风景秀丽，地上共有四层：一层高档餐厅；二层足浴按摩；三层休闲茶座；四层咖啡茶座及酒吧。

深圳市点线面空间设计有限公司
Dot-Line-Plane Space Design Limited corporation, Shenzhen

中庭

楼梯

下图：中庭顶棚及扶拦

中餐包房顶棚

中餐大厅

中餐包房天花

足疗包房顶棚

茶楼包房前室

茶楼服务台

中疗包房

拉萨九九火锅城大酒楼改造工程

业主： 拉萨九九火锅城大酒楼

地点： 西藏拉萨市

面积： 建筑面积约1280m²

基地概述：

火锅城占整幢5层楼建筑的首层和二层。室内原有装修简单陈旧，用餐环境欠佳，服务功能安排不够合理，有待重新设计改造。

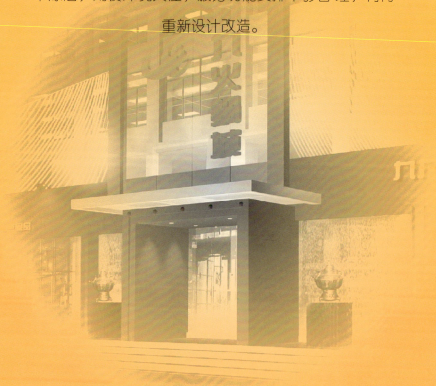

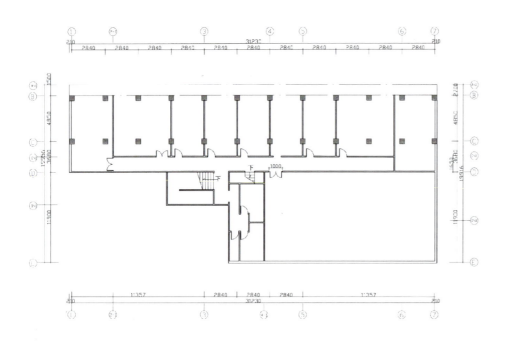
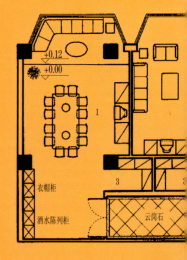

上 图：原一层平面布置图

右 图：一层平面布置图

图注： 1.主入口

2.门厅

3.等候厅

4.堂座

5.小包间

6.收银酒水吧

7.洗手间

8.大包间

9.厨房

10.流水池

DOT-LINE-PLANE Space Design

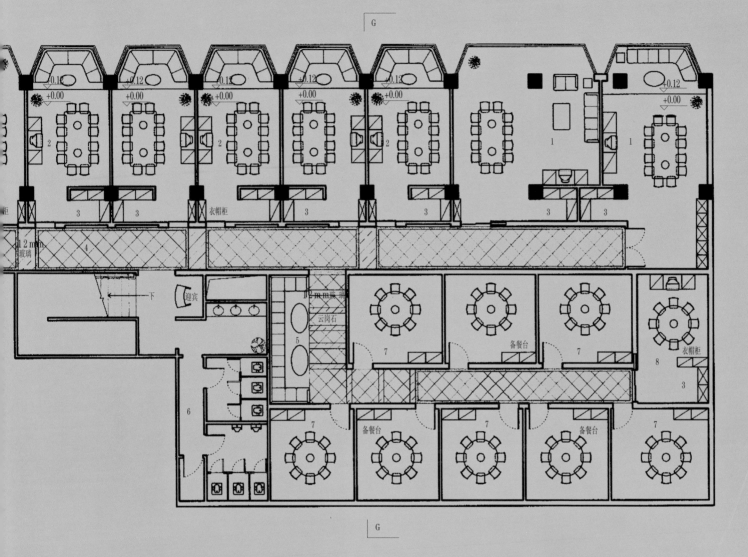

一层平面布置在原平面基础上向外拓展，加大了营业面积
比例1:200

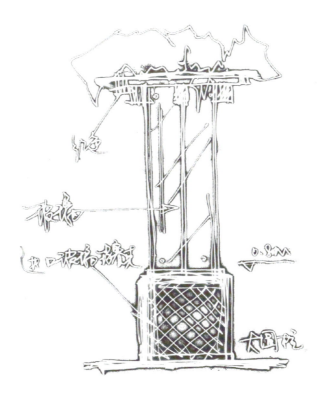
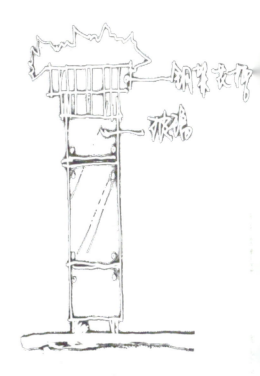

上 图：柱的构想图

左 图：堂座设计效果图

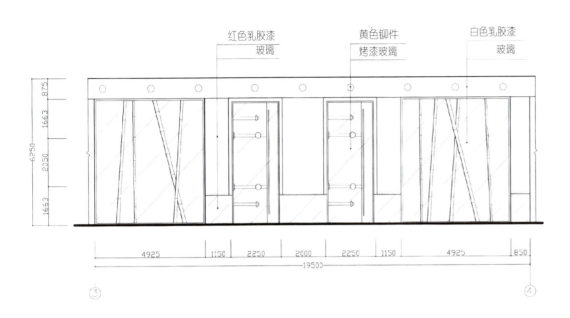

二楼走廊墙面以川西竹为装饰，底铺鹅卵石，加之局部灯光的映衬，突显了火锅城的发源之地；而各包间入口形式上采用具有拉萨本地特色的推拉门，则使之具有地域特色。

上图：二楼走廊设计意向

DOT-LINE-PLANE Space Design

下 图：一层平面布置图

右 图：走道楼梯效果图

图注： 1. 大包间
2. 中包间
3. 备餐间
4. 走廊
5. 休息厅
6. 洗手间
7. 小包间
8. 中包间

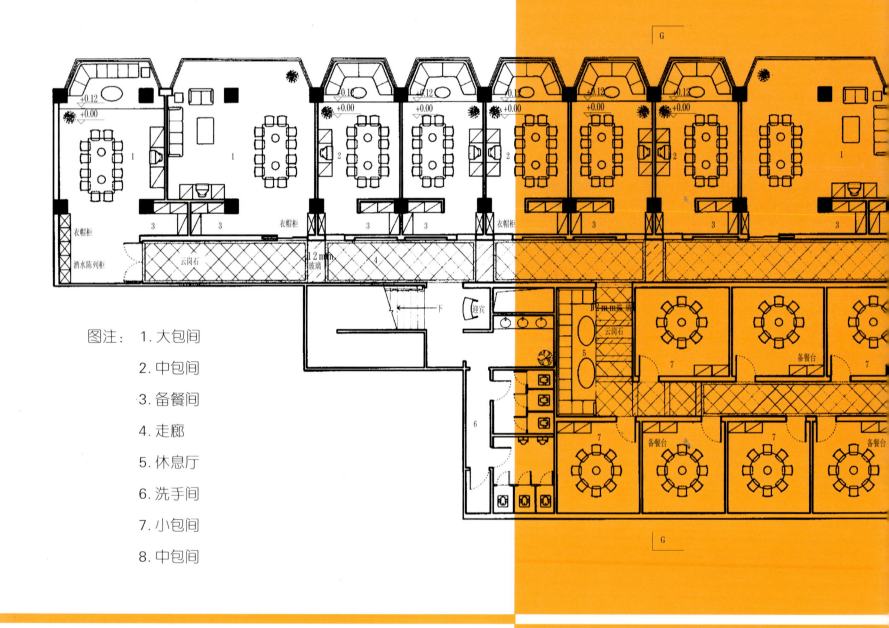

DOT-LINE-PLANE Space Design

重庆小天鹅深圳店装修改造工程

业主：重庆小天鹅

地点：深圳市春风路

面积：建筑面积约2300m²

水吧收银服务台

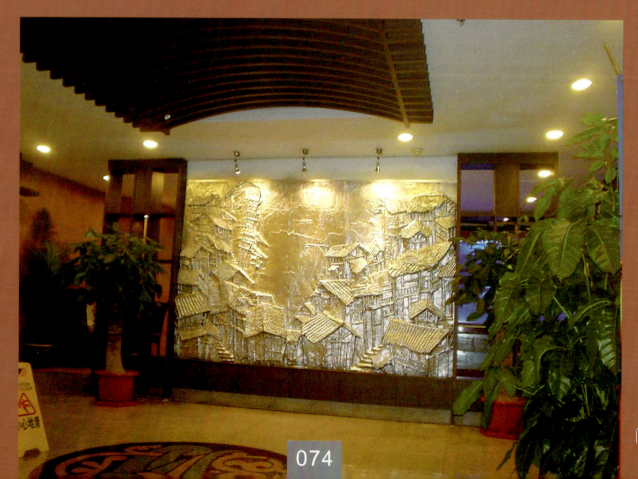

门厅大堂

用餐大厅

用餐大厅

用餐大厅

用餐大厅

走道

深圳百岁鸡

业主：深圳百岁鸡

地点：深圳市振华路地段（繁华商业区）

面积：建筑面积1200m²

深圳市点线面空间设计有限公司
Dot-Line-Plane Space Design
Limited corporation, Shenzhen

墙上大色块的抽象画给这个具有地方特色的饮食空间带来了一股现代的气息。

红灯笼在毛石墙的衬托下更显突出。

原木方搭的廊架和几幅抽象画在灯光的衬托下，产生了一种和谐美。

深圳华神川菜火锅城

业主： 深圳华神川菜火锅城
地点： 深圳福田区振华路
面积： 建筑面积约1000m²

深圳市点线面空间设计有限公司
Dot-Line-Plane Space Design
Limited corporation, ShenZhen

墙上巴蜀地方风情壁画、明清家具和古朴的装饰风格一起营造出了一个浓郁巴渝风情的就餐环境。

四川多雨，需将屋檐做大出挑以获得有遮的街沿，方便商业活动及居家生活。挑檐用挑枋支撑柱再承托檐屏。挑檐是屋顶的重要构造部分，也是重点装饰构件。处理方式丰富多彩，美观大方适用。

为了提供遮风避雨的良好售货环境,沿街店面常设檐廊。上做披檐屋顶,木柱承重梁枋结构。整齐的檐廊,廊下繁荣的商情,狭窄的街道,街上熙攘的人群,点染出几多集镇风情。

通向二楼的楼梯处墙面的青砖和古字画更使食客感受到了一股浓浓的地方风情。

大包房

小包房

大厅一角的假山流水和悬挂的宫灯相映成趣

从入口望向大厅全景

巴 蜀 风

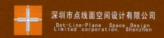

深圳市点线面空间设计有限公司
Dot-Line-Plane Space Design
Limited corporation, Shenzhen

业主：巴蜀风
地点：深圳市南山区龙城路
面积：总建筑面积约2300m²

「大树底下好乘凉」：坐在参天古树下就餐，也是别有一番情趣，再加上四周未经打磨的青石板，完全可从中体会到原始、粗犷的风格。

「青瓦粉墙,重重院落,曲曲村寨、轻盈精巧,朴实自然」这一四川传统民居特色在这里被演绎得淋漓尽致。

"磨砖为墙,雕石为阶,雕而不画,突出本质",虽然杂乱无章,但毫无呆板千篇一律的感觉,给人以美的享受。

"沿山而行，顺江而间，随弯就坡，开合有致，筑台为基，吊脚为楼，随坡造房，随坡就势"，这是根据四川多山多水的特点，勤劳的四川人民克服不利地形因素，巧妙利用自然条件，创造良好生活空间的又一绝活。这里的设计运用上了台、吊、挑、拖、坡、梭、错等多种手法，营造出了一个具有浓郁四川民居风味的就餐环境。

「大红灯笼高高挂」是四川民俗的又一特点。

材质的多样性，空间的变化，灯光的处理，营造出了这个自然畅意、返璞归真的幸运空间。

西安地税大厦

业主： 西安市地方税务局

地点： 西安市

面积： 建筑面积约7780m²

深圳市点线面空间设计有限公司
Dot-Line-Plane Space Design
Limited corporation, Shenzhen

- 大堂顶棚选用暖白色铝板呈条形分段造型，分段处形成暖白色光带，象征地税事业沐浴春光、蒸蒸日上。

- 在材料运用上墙面和地面大量选用灰白、暖灰相间的质地坚硬的花岗石，体现地税大厅坚实、稳健发展的政府形象。

- 电梯厅通过与大堂空间材质的有机转换，使空间自然界定出交通功能的形象。

大堂方案一

在空间手法上加强扇形弧面的节奏感,让大堂空间优美、开阔且变化有序。在功能设置上分为保卫、客人休息区、电子显示屏,让访客及来宾一目了然,增强政府职能部门的现代气息。在材料运用上墙面和地面大量选用灰白、暖灰相间的质地坚硬的花岗石,体现地税大厅坚实、稳健发展的政府形象。顶棚选用暖白色铝板呈条形分段造型,分段处形成暖白色光带,象征地税事业沐浴春光、蒸蒸日上。大堂中庭的跑马廊扶手选用不锈钢支架和钢化玻璃组合,与大面积的花岗石形成硬性材质美妙的对比,增进现代感!

大堂方案二

电梯厅

通过与大堂空间材质的有机转换，使空间自然界定出交通功能的形象。浅灰色石材微微偏暖，给上下班的职员和来宾带来亲和力，弧形的顶棚增加了空间的延伸感，使空间流通更加顺畅。

多功能厅

方案一：主席台、舞台及伸缩舞台在北面，观众席呈方形东西排列，走道呈"十"字型展开。方案二则相反，主席台、舞台及伸缩舞台在东面，观众席呈扇形南北排列，走道呈"H"型展开。方案一侧重于严肃、庄重的气氛，且东西南北人流疏散方便，舞台背景空间大，纵深够。方案二侧重于剧场空间，活泼、优雅、观众人数容积相对较大。两个方案均选用梨木质为主的吸声反射凹墙面。地面花岗石与红地毯结合，巧妙地将观众席与走道分开，藻井式的顶棚与观众席座位上下呼应，且大小有序，同时也给多功能厅在顶棚灯光变幻上预留了很大的多功能空间。

天津市第一中级人民法院
（方案）

深圳市点线面空间设计有限公司
Dot-Line-Plane Space Design
Limited corporation, Shenzhen

业主：天津市第一中级人民法院

地点：天津市

面积：总建筑面积约8300m²

一至三层的大堂入口是一个极具延伸感的建筑室内空间，舒展的水平方向与高耸垂直空间形成了强烈的视觉冲击感。为了让这种人与建筑巨大的反差中寻求宜人的尺度，我们采用了局部吊顶和墙面分层处理的手法，人们进入该空间的时候会有一种过渡的上升感。整个大堂选用进口灰麻和白麻石为基调，坚实又柔顺，柱座及墙围则采用深色花岗石。大堂的顶棚照明采用冷暖光交织，其余光线从顶棚和墙面不同而又统一的造型中不同角度漫射、反射、直射下来，将整个大堂变得明快而又柔和。

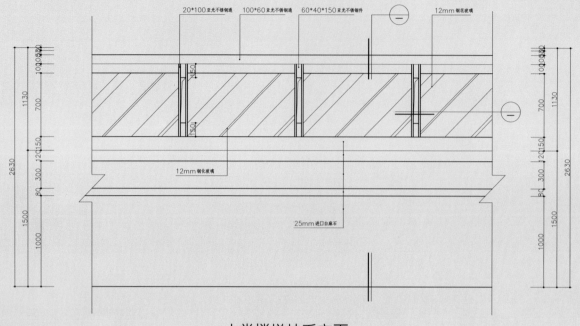

大堂楼梯扶手立面

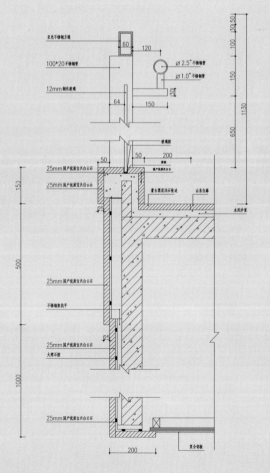

大堂楼梯扶手大样节点一

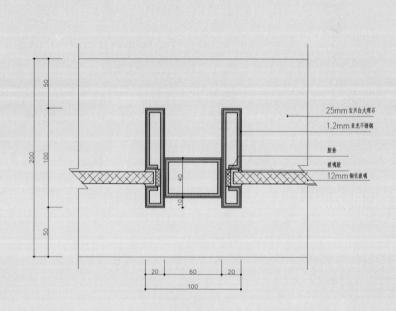

大堂楼梯扶手大样节点二

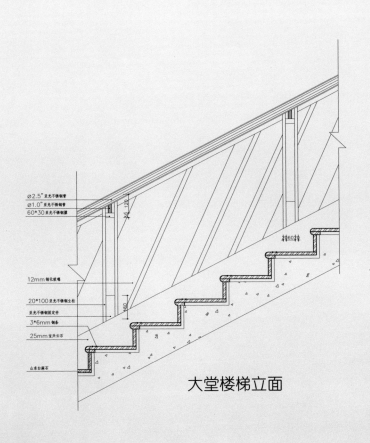

大堂楼梯立面

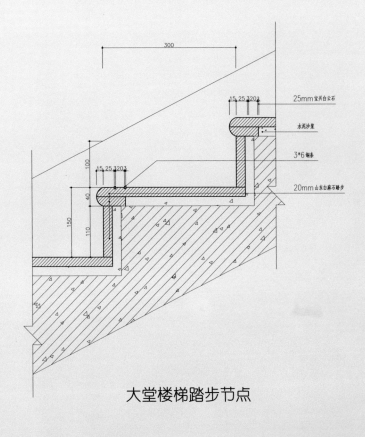

大堂楼梯踏步节点

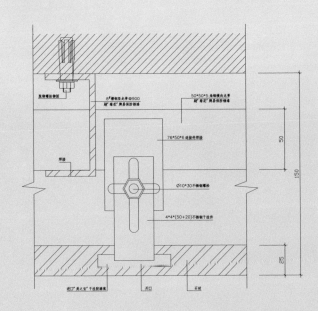

柱墙石材干挂节点大样一

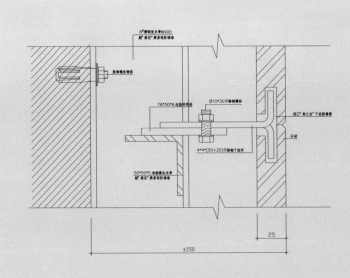

柱墙石材干挂节点大样二

审判庭方案之一

审判庭方案之二

新疆公安厅消防局

业主：新疆公安厅消防局

地点：新疆维吾尔自治区

面积：总建筑面积33423m²

深圳市点线面空间设计有限公司
Dot-Line-Plane Space Design
Limited corporation, Shenzhen

外立面效果

步入办公楼大堂,豁然一个两层跃式空间。为了突出这种挺拔向上的感觉,在墙面上做了几大块竖向线条,同时在材料的运用上采用冷暖结合、软硬对比的办法,使人在国家机关的办公空间内感受到一种亲和力,加上旋转楼梯旁的水景,构成了一道别致的风景。

多功能报告厅方案 一

多功能报告厅方案 一

小会议室 —— 有着完善功能的会议空间，简洁、自然、高效。

领导办公室——稳重的深木色，经典的装饰风格，营造出典雅华贵的室内空间效果。

大会议室——使用复合铝板顶棚与原建筑金属网架屋顶是最佳结合，铝板的稳定性可缓解金属网架屋顶存在着相对隔热、振动以及封闭性等不确定的因素，室内空间内严密的材料组合保证了大会议空间对声波的吸收与反射要求。

Space Design

上海外国语大学松江校区图文信息中心大楼

业主： 上海外国语大学

地点： 上海市

面积： 地上一至七层总建筑面积28423m²

基地概述：

这是坐落在国际大都市上海市的一幢仿欧式建筑，它的外立面是结合现代和欧洲文艺复兴时期的一种建筑风格，气势宏伟又不乏一种宁静高雅的感觉。

深圳市点线面空间设计有限公司
Dot-Line-Plane Space Design
Limited corporation, Shenzhen

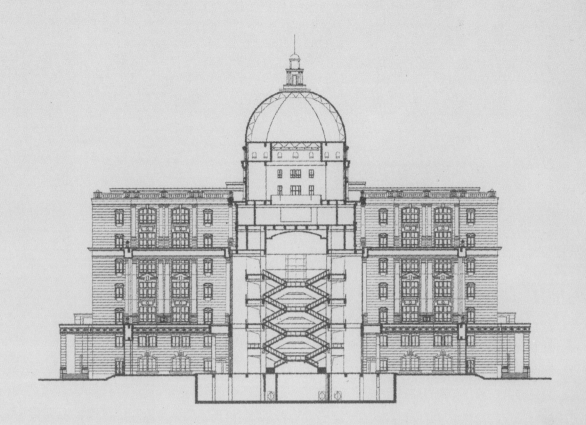

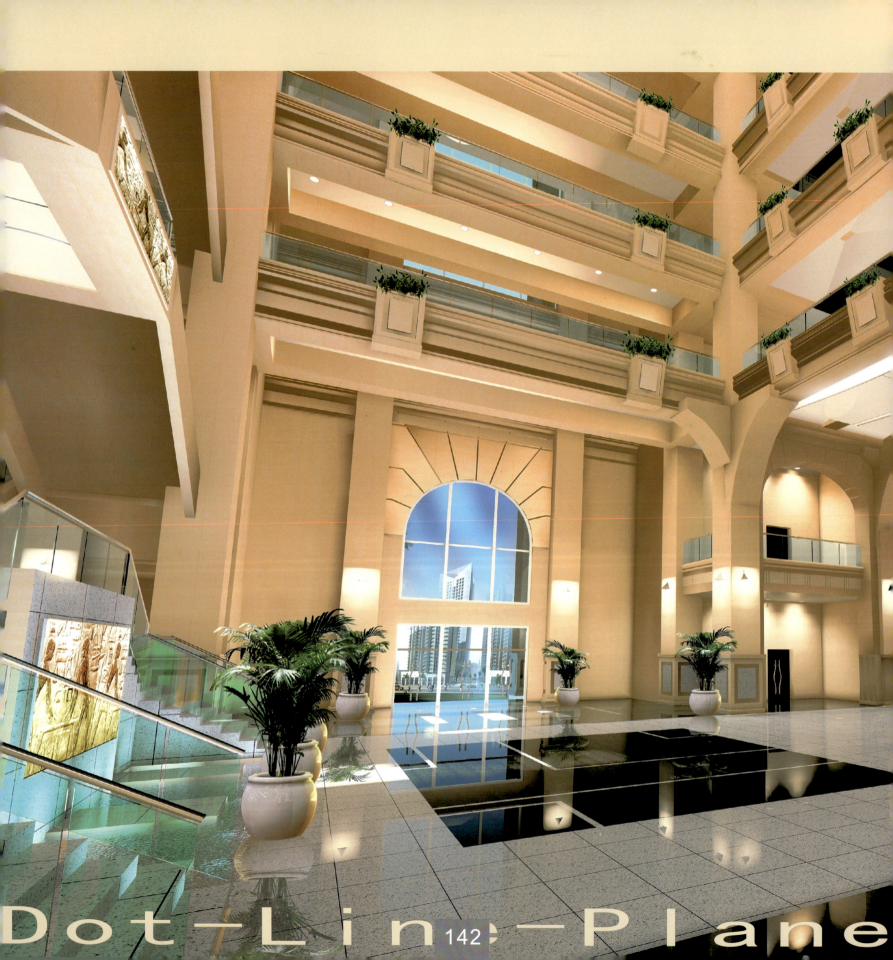

一层大堂透视二

一层大堂透视一

一层平面图

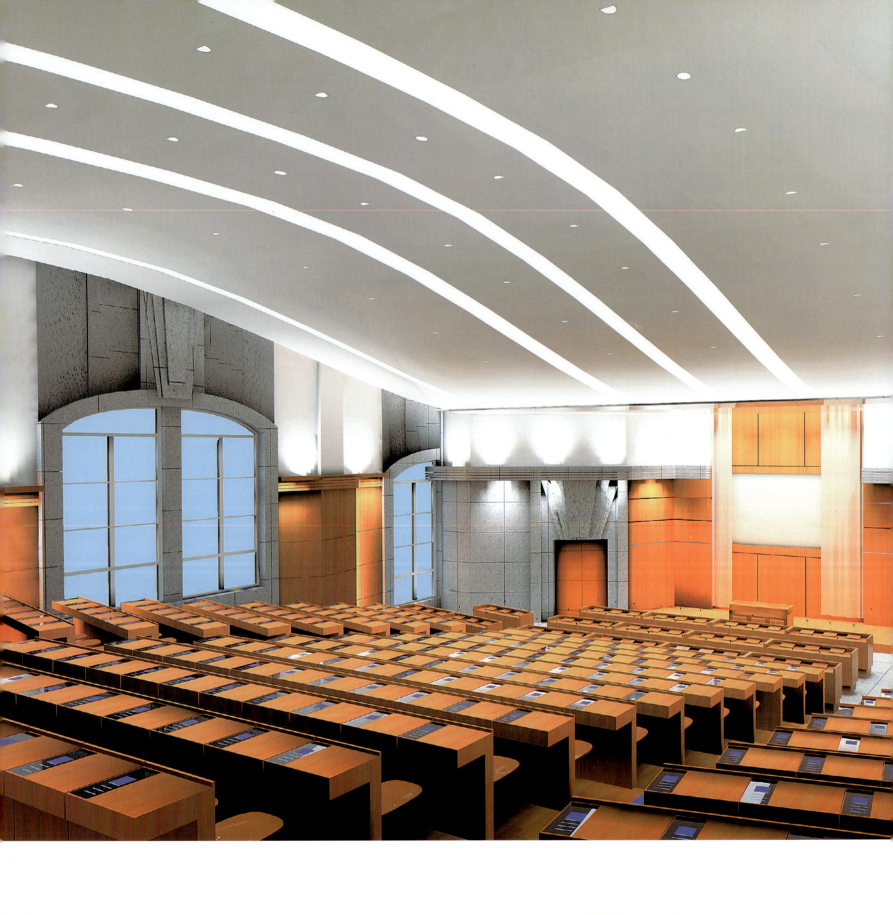

一层多媒体大教室透视

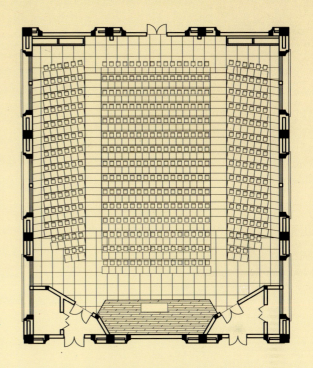

一层多媒体大教室平面图

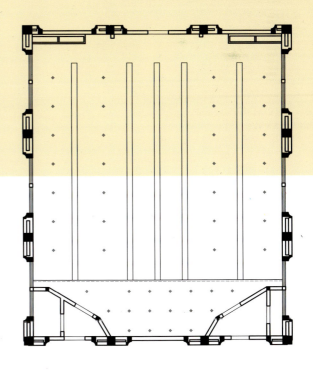

一层多媒体大教室顶棚图

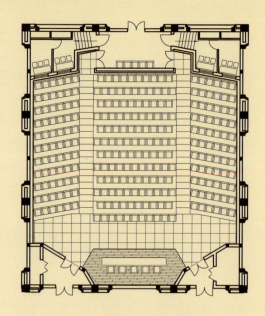

一层大报告厅平面图

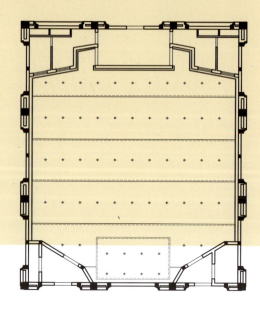

一层大报告厅顶棚图

一层大报告厅透视

Dot—Line—Plane

三层中文报刊阅览室透视

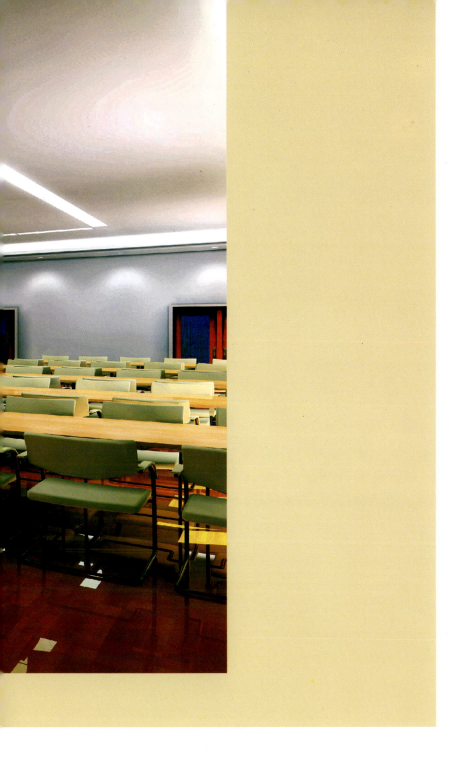

三层外文报刊阅览室透视

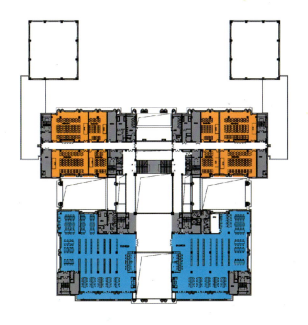

三层总平面布局图

Space Design

五层外文报刊阅览室透视

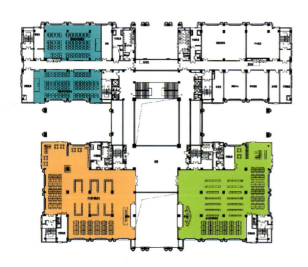

五层总平面布局图

五层中文报刊阅览室透视

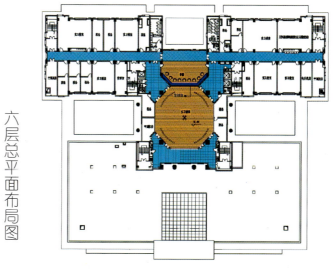

六层总平面布局图

四川美术学院图书馆改造工程

业主： 四川美术学院

地点： 四川省重庆市

面积： 建筑面积约5000m²

基地概述：

首先，我们根据甲方的要求，对原四川美院图书馆进行了现场考察及详细的案例分析，对原有的室内空间组织，空间语言的运用提出了针对性的意见，总结出以下几点在我们接下来的设计中必须解决：(1) 空间封闭；(2) 功能分区不合理；(3) 功能配置落后；(4) 不能满足"图书馆"所需的包括管理、藏书、阅览、互联网等要求。在对原建筑的土建施工图进行详细的研究后决定，拆除原建筑室内四层楼80%的隔墙，我们的设计定位为——通透、简洁、安静、现代。所以在设计中我们大量使用了铝通玻璃隔墙，使用"面"有机地分割空间，保持原建筑框架特有的语言、简单的色彩。在四层楼面增加一个平台，有效地扩大了建筑室内的使用面积，钢架玻璃屋顶极大地保持了室内空间的采光。这些语言的使用很好地解决了原来图书馆的一些主要弊病，而且有力地体现出现代艺术图书馆这一主题。

图书馆期刊阅览大厅中庭

图书馆期刊阅览大厅中庭

期刊阅览大厅中庭
五楼跑马廊

图书馆期刊阅览大厅中庭

配合整个图书馆入口的改动，在二楼门厅设立个性化的"书"展示墙，充分体现出图书馆的主题，与门厅主视墙面形成半开放的流通空间，巧妙地划分出门厅及电子阅览大厅两个空间。

电子阅览大厅门厅

原有的天井不能满足图书馆的使用要求，对其建筑的室内空间也是极大的浪费，作为室内设计案例，我们提出了解决方案——在四层楼面加设楼板，这样既保持了原有的天井，还增加了两个大的室内空间，也就是现在的电子阅览大厅和期刊阅览大厅。

电子阅览大厅门厅

四层期刊阅览大厅

栏杆详图1

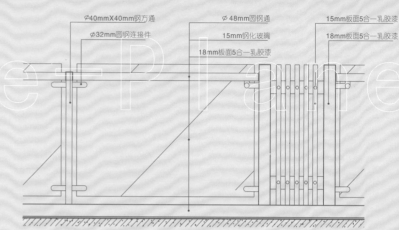

栏杆立面大样

栏杆平剖大样

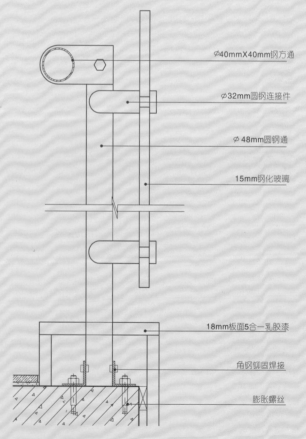

栏杆立剖大样

栏杆详图2

在四层新增加的期刊阅览大厅我们采用浅色木地板，铝框玻璃隔墙划分出各个相互渗透的功能空间，极大地延伸了视觉空间，使各个功能空间既独立又流通；钢加玻璃屋顶丰富了阅览大厅的意境，使室内空间和自然景观融为一体；玻璃护栏与玻璃隔墙相互呼应，护栏花槽的点缀烘托出舒适、自然、安静的学习氛围，这些语言的组织打破了传统意义上的图书馆概念。相同的设计理念，我们对洗手间的处理也突破常规，尽力营造轻松、自然的功能空间——透明玻璃石子地面，透明玻璃洗手台，反光灯槽，以陶瓷小锦砖构成大面，有效地对空间进行划分。

Space Design

Dot-Line-Plane Space Design

屋顶采光天棚详图

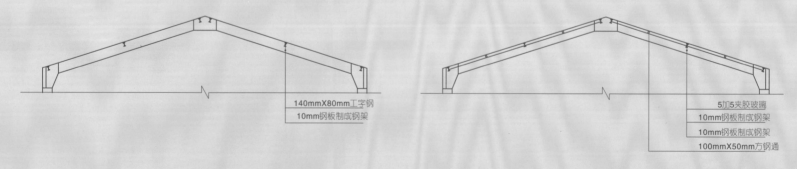

屋顶剖面图（未加钢通）　　　　　　　　　屋顶剖面图

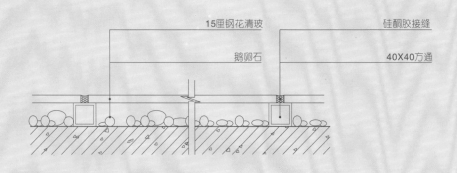

卫生间地面做法

卫生间地面

柱头收口详图

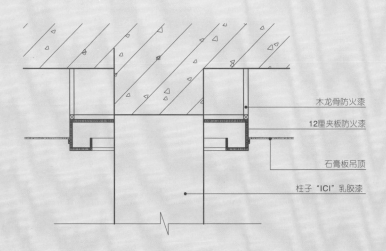

部分柱头收口

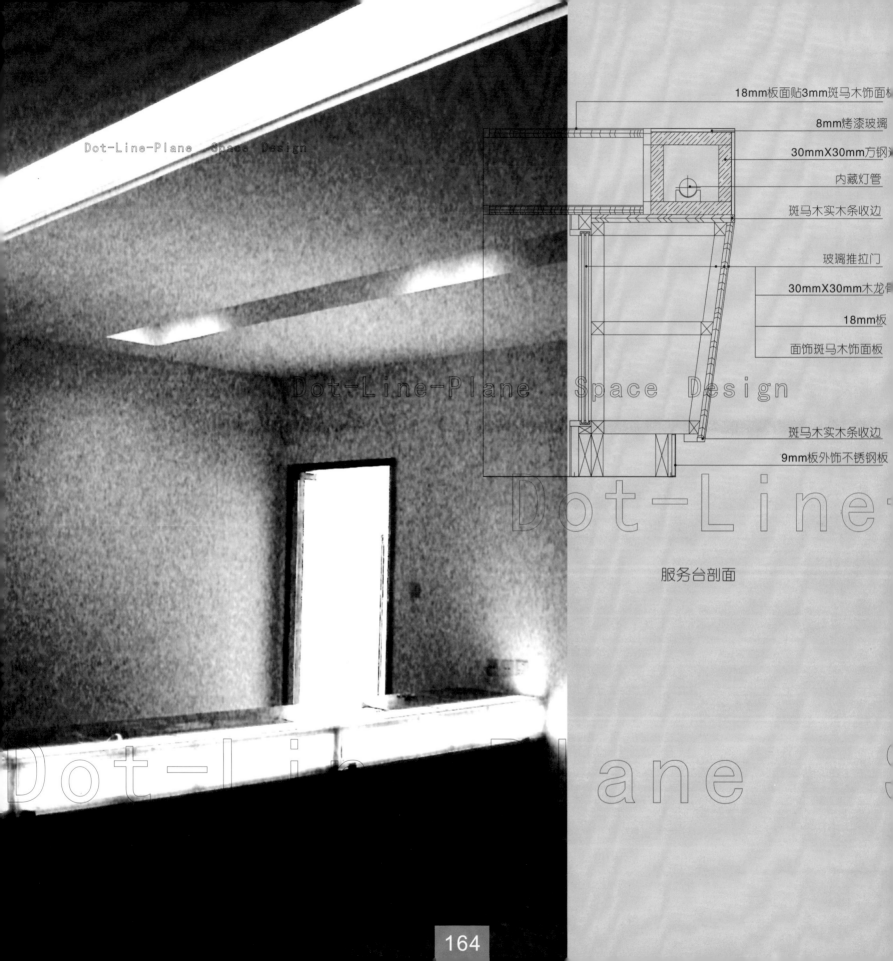

18mm板面贴3mm斑马木饰面板
8mm烤漆玻璃
30mmX30mm方钢
内藏灯管
斑马木实木条收边
玻璃推拉门
30mmX30mm木龙骨
18mm板
面饰斑马木饰面板
斑马木实木条收边
9mm板外饰不锈钢板

服务台剖面

Plane Space Design

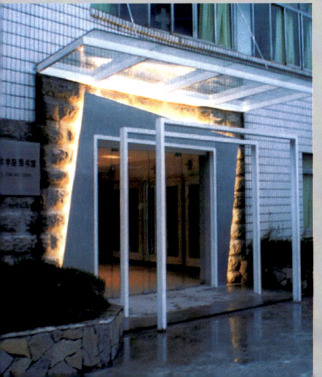

女卫生间

男卫生间

电子阅览大厅

门厅

走道

重庆美术馆(方案)

业主:四川美术学院

地点:四川美术学院院内

面积:建筑面积约5000m²

右图:门厅大堂

点线面空间，暴露原建筑室内的空间形象，寻求面的重量。并在面与面的重复转换中制造凹凸的线型空间感觉，局部点的点缀带来空间的高潮。顶棚主体光源与墙面、柱身顶部局部暗光光源结合，营造柔和、宁静的光影气氛。充分利用落地大玻璃的折射的自然光投射光影，增进室内大堂空间的生机。运用解构主义手法，在清水混凝土主视墙面上制造有深度的厚重感。大面积的清水混凝土墙面与拙朴的清石板地板和二层挑廊精细的高科技环保材料扶栏玻璃、不锈钢，形成强烈的对比，强化了大堂的文化个性和空间语言。

深圳市点线面空间设计有限公司
Dot-Line-Plane Space Design
Limited corporation, Shenzhen

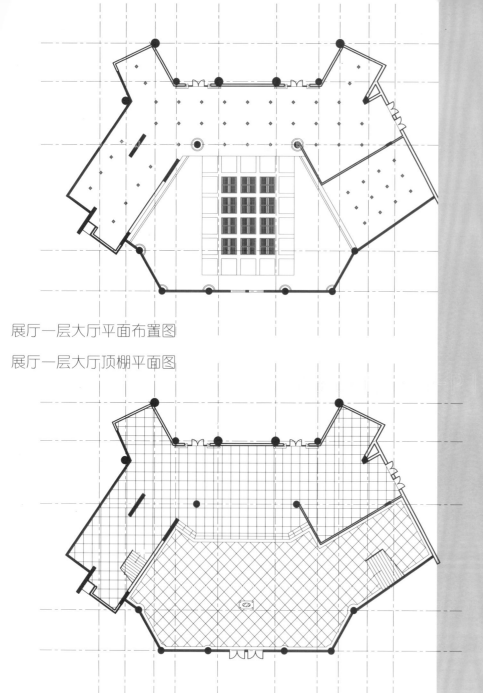

展厅一层大厅平面布置图

展厅一层大厅顶棚平面图

设计说明：

作为重庆建筑设计院副院长、国家注册一级建筑师李秉奇先生亲自主笔设计的四川美术学院综合教学楼及其相关的公共展示空间、室外休闲空间这一庞大的文化建筑组合群体，依势而建，节奏有序，个性张扬。他的设计无疑是花费了心思和尽了责任的，其设计的勇气和智慧显而易见！

室内设计是建筑内部空间的延续，好马配好鞍。室内设计师无疑肩负着准确理解建筑师的空间规划原意，遵循投资方的实际需求，将建筑所赋予的每一处空间发扬光大、尽其所用、锦上添花。

诚然，最近落成不久的由中国著名建筑大师吴良镛先生设计的中央美术学院教学综合楼建筑群体，在艺术院校建筑规划设计中引燃了新的火花，算得上是集历史文脉、文化底蕴和专业艺术学院定位结合得较理性的作品。室内设计如何？我没看过，不敢妄加评判。但有一点我知道，在中国近几十年中，从未出现过在专业艺术学院中建筑与室内空间设计结合得完美无瑕，看了令人振奋的作品。这应该是我们艺术创作者的悲哀！当然，建筑设计和室内设计不同于绘画艺术，其一、它属于实用艺术范畴，受制于技术经济，也受到投资方观念的制约，它需要妥协。其二、它需要群体协作，是技术和艺术的综合劳动，而非绘画艺术的个体行为。因此，我们可以说，建筑师和室内空间设计师更需要支持和理解，任重道远，责任重大！

兜了一圈只为阐明一个主题，作为专业艺术院校的四川美术学院综合教学楼及其相关公共展示空间、户外休闲空间，逢历史良机，虽然有了一个好的建筑外壳和体感，但更重要的是其庞大室内外空间关系如何有机切换，功能如何科学配置，其空间价值的定位在哪里？是需要三思而后行的。我们知道，无论是何种艺术，他们都有一个共同点，艺术的生命在于创新，在于推陈出新，在于整合。艺术的责任在于关注人类生命的真谛和揭示人类社会的本质并服务于人类。用现代时尚的话说就是"以人为本"。遵循这一大前提，我们能否这样思考：视觉元素科学的组合，将油画的厚重、雕塑的分量、国画的空灵、工艺的拙朴和精致在室内空间中得以尽情抽象的发挥，把文化属性、教育属性和当代性在此特定的建筑内部空间加以体现。加之合理的功能配置，美轮美奂的材质和光源的运用，应是四川美术学院综合教学楼及其相关公共展示空间、户外休闲空间设计的着眼点。

左下图：二层展厅平面布置图

下图：二层展厅顶棚平面图

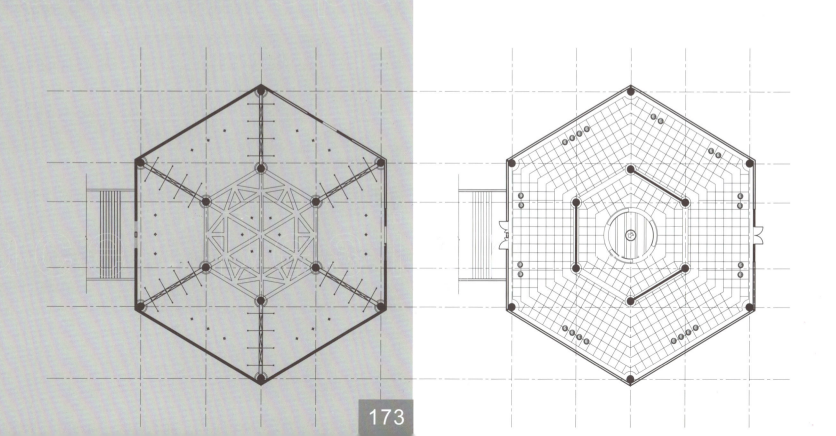

下图：综合教学楼主入口

将原阶梯教室两侧踏步的墙取消，扩大其教学空间。1.2m高的斜度落差分为下列空间：教学楼主入口是建筑群体一个"半灰空间"地带。通过0.9m高的清水混凝土护栏错落排列及两侧的残疾人通道，形成"S"型人流的交通格局和节奏感。入口大门钢结构的"人"字型架构和悬挑的弧形雨棚，成为"灰空间"的一个视觉中心，寓意"百年树人"。花坛植物的配置和阶梯教室外部凹凸的混凝土墙面，强化了空间层次的节奏感。自然采光和人工照明的结合，护栏两侧及混凝土外墙下部配置暗藏式防水射灯，使之在夜晚有安全的照明光源，明暗层次丰富。灰色花岗石地面、清水混凝土墙面与钢结构、铝板玻璃构成重与轻、水平和垂直的强烈对比，振奋师生每天教学和学习的精神。

抓大放小、求同存异。除主席台主视背景墙固定处，其余都保留建筑师所规划的空间，以求灵活多变的空间转换。保留大幅落地玻璃的自然侧射光源，它为室内空间带来无限生机。顶棚中心交叉的六条梁与钢结构方形有机啮合，悬挂着的舞台灯光便于任何角度和方位的光源转换。主席台和主视背景墙呈阴阳凹凸的背景光源，增进了空间视觉的深度和广度。暴露式结构的中心区顶棚的清水混凝土梁完全暴露，与周边的平顶顶棚形成很好的对比关系。主席台两侧设计为"漏窗"式的六角形木格子，与其他清水混凝土墙面和落地玻璃形成清晰的材质对比关系。自然材质与高科技环保材质的对比，并没有破坏多功能厅的使用功能要求，反之更显独特的文化个性风采。地面的灰色花岗石质朴、厚重，好似为来宾和各种艺术活动做好静默的铺垫。

综合教学楼一层平面布置图

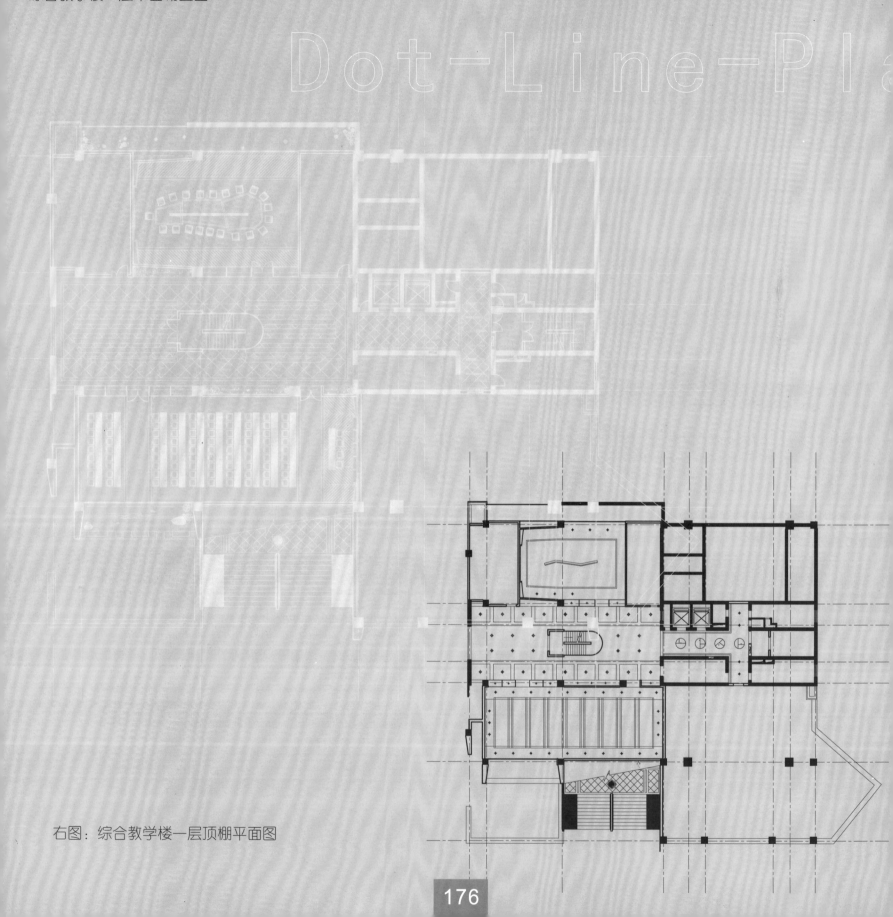

右图：综合教学楼一层顶棚平面图

综合教学楼电梯厅

由于只有侧面采光,故空间设计六个呈放射状的相等展示空间。人流为"S"型参观路线,构成有序的节奏感,空间利用值加大。没有自然天光、只有自然侧光,因此人工照明系统增大。每一个展示区域都放置有双向活动路轨专业射灯,距画1.2~1.5m。展厅中心处上空为六盏射灯,从360°处同位置侧射在中心处的雕塑上,形成展厅视觉的中心光环。与四层展厅基本相同,惟有地面采用西班牙木纹大理石,增加地面材质的柔和感,以别于四层展厅,在相同的展厅空间中寻求变化和丰富感。

下图：四层油画展厅
右图：会议室

中间的六个柱体建构了三组展墙的实体空间与三个虚体的人流空间有机分开，虚实相生，让空灵的展厅有了一些变化和节奏感，同时又增加了展厅的展示面积。在展厅的中心处，设置了花岗石底座的雕塑，可以陈列美国解构主义艺术家阿尔门的作品，如"乐器"，增强展示空间的视觉中心感。建筑屋面的自然采光呈等腰三角形架构，便于雨水和灰尘导流。其斜度构成侧射的天光，正好形成理想的视觉看画效果。利用口的结构做 30°锐角斜处理，内置专业菲利蒲画灯。在距画1.2～1.5m处斜射整光下来，避免对画形成紫光外腐蚀作用。清水混凝土柱身顶部镂空围构360°漫射光环渐变而下，增加了柱身的生命力。顶棚六条梁呈放射状展开，利用等边六角形梁柱交叉关系作"人"字形疏密关系处理。与大面积六边形顶棚构成面与线的关系。细腻的大面积乳胶漆平整

Space Design

顶棚与粗犷的清水混凝土密度结构墙形成美妙的对比。打光磨平质朴的清石板地面与清水混凝土墙形成油画般厚重的空间气氛。

运用借景的手法，通过玻璃隔墙将自然景观和人造景观引入室内，有机处理空间虚体和实体的关系。墙面的凹凸关系和小角度的转折延伸了视觉的空间元素，给人以想像的空间。顶棚面与线的交错穿插，将建筑结构与功能需求结合在一起。自然采光和人工照明相结合，线型光带和面的点式光源分别从墙身和顶棚照射在空间所需的部位，让光成为营造室内空间气氛的主角。墙面清水混凝土、钢结构玻璃的硬性材质和地面地毯、木地板、顶棚乳胶漆等软性材质对比组合。并在同属性材质中寻求分色、分段变化处理，与功能使用步调一致。在有限的空间材质中创造无限的材质空间对话。

四层油画展厅顶棚平面图

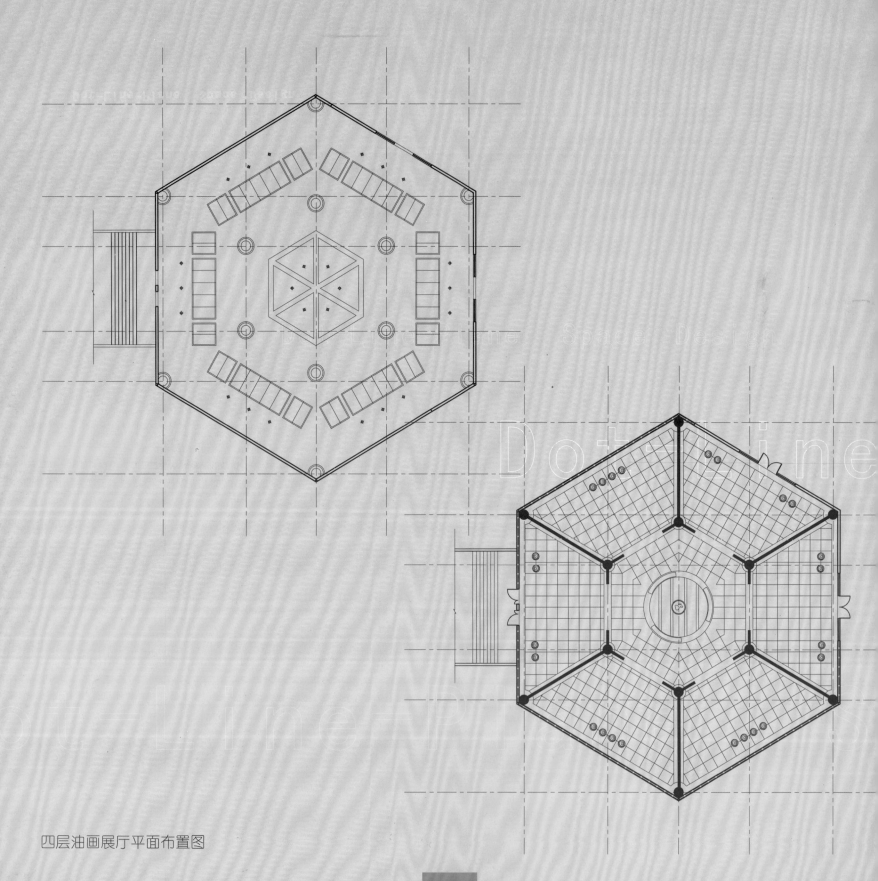

四层油画展厅平面布置图

将原阶梯教室两侧踏步的墙取消，扩大其教学空间。1.2m高的斜度落差分为5级平缓台级处理，避免整个阶梯教室倾斜的视觉心理。墙身的混凝土墙面和背墙面呈15°倾斜状，加强了空间的方向感。通过混凝土外墙下规则的凹型窗洞和钢结构玻璃墙面让自然光从不同角度折射进来，形成自然柔和采光，让教室充满暖意和明亮。墙身0.9m以下的暗采光带和讲台背景墙两侧及顶棚的人工照明作为自然光的补充，能充分满足教学的光线需求。主讲台及前面走道选用木地板与阶梯学生听课区域的水泥压光地面形成对比，自然界定出不同功能的区域。背部墙面的吸声铝板满足了教学吸声的功能。主立面沙比利实木墙裙与清水混凝土的结合及钢结构玻璃恰似一幅材质的交响乐。

综合教学楼阶梯教室

右图：地面材料

Dot-Line-Plane   Space   Design

碧波中学教学楼改造装饰工程

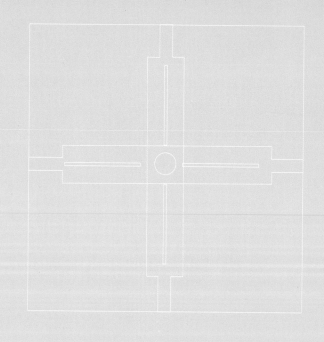

业主：碧波中学

地点：深圳市沿河北路宁水花园内

面积：建筑面积约8540m²

碧波中学教学楼外立面

碧波中学综合楼、实验楼是集教学、管理、学术研究、图书阅览、网络管理、实验及文娱于一体的现代化大楼。在我们设计范围内的实验楼、办公楼及外立面中，我们力求表现一种自然和谐、活泼进取的精神意念，以体现现代学校的实力与发展的文化理念。

碧波中学年级办公室

碧波中学二楼图书馆

碧波中学多功能报告厅

碧波中学阶梯教室

Dot-Line-Plane Space Design

其他项目

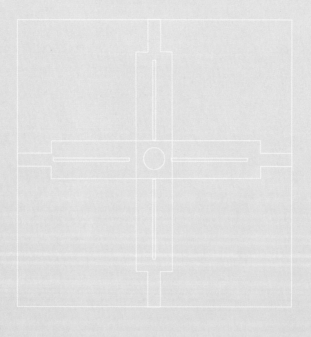

imited Corporation, Shenzhen

项目名称：

- LG员工活动中心
- 武汉销品茂购物广场
- 时光隧道夜总会
- 昆明剧院
- 昌河铃木汽车专卖店

武汉销品茂购物广场

ited Corporation, Shenzhen

本方案设计在尊重原建筑格局的基础上，力图创造小尺度的亲切与大尺度的开敞相融合的多样化商业环境，并通过玻璃、不锈钢、铝板等材料的虚实对比，塑造出了现代、时尚的立面和体型，面向不同阶层、不同年龄的消费者，提供休闲、娱乐、餐饮、购物全方位的服务。

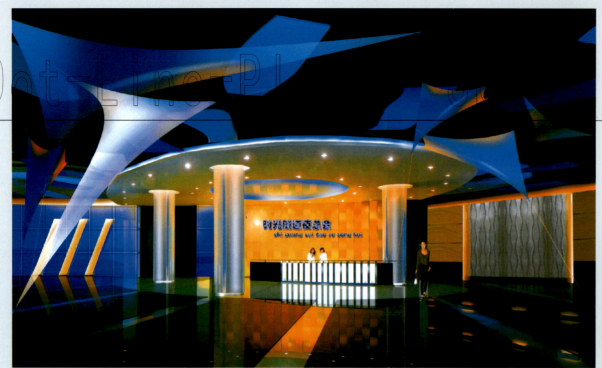

时光隧道夜总会门厅

时光隧道夜总会走道

ited Corporation, Shenzhen

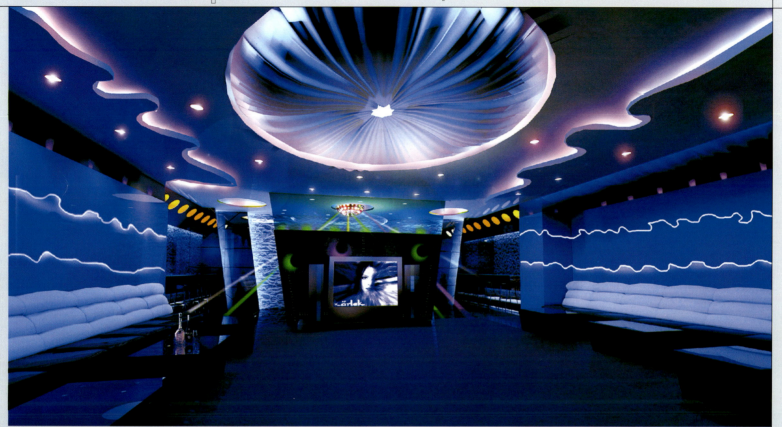

时光隧道夜总会包房

昆明剧院广场

针对原建筑的造型缺陷，在广场正前方为建筑本身增加一个"引子图腾柱"，云南民族图腾结合工业化的钢架支点玻璃，隐喻着作为文化艺术场所的剧院本身与现代商业社会的对话暨艺术与工业的对话。

昆明剧院休息候场廊

凝重粗放与通透精细构成休息候场廊的强烈质感对比，借助石材、清水泥、支点玻璃，不锈钢架引导出人们对现代文明及原始文化的思索，形成极具思索性的休息空间，同时又满足了广告宣传、休闲等功能。由云南民族服饰纹案升华成中间的镂空装饰柱，使空间语言更具代表性。

ited Corporation, Shenzhen

昆明剧院观众厅

观众厅是剧场最基本的组成部分之一,而且也要体现出自己独特的文化艺术特性,所以在设计时为保证每个观众能在舒适的环境里看得清、听得好,就在现有的建筑基础上,用大块的面将两边侧墙收缩为扇状,改善了视线设计,也符合声学方面的要求,而顶棚的弧线船型折板吊顶更完善了声光效果;此外在材料的运用上,使用了大面积的白色硅钙吸声板和浅色枫木饰面,加上灯光的冷暖对比,营造出了一个优美、恬静、高雅的剧院氛围。

昌河铃木汽车专卖店外观

ited Corporation, Shenzhen

昌河铃木汽车专卖店展厅

负一层平面图

档案室、库房、总务科、车管科、物业部、清洁部

建筑面积2195.2m²

1. 客梯厅　　　　（15.6m²）
2. 货梯厅　　　　（11.8m²）
3. 物业部　　　　（61m²）
4. 车管科　　　　（61m²）
5. 总务科　　　　（49.6m²）
6. 清洁部　　　　（68.9m²）
7. 办公用品库房　（175.5m²）
8. 档案室　　　　（295.8m²）
9. 设备控制室　　（126m²）

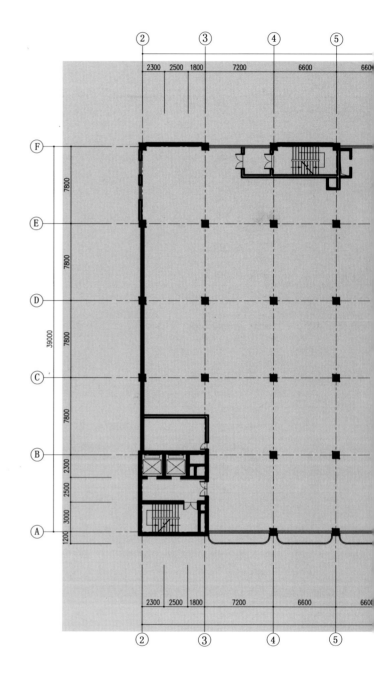

中国联通重庆分公司综合大楼 平面方案

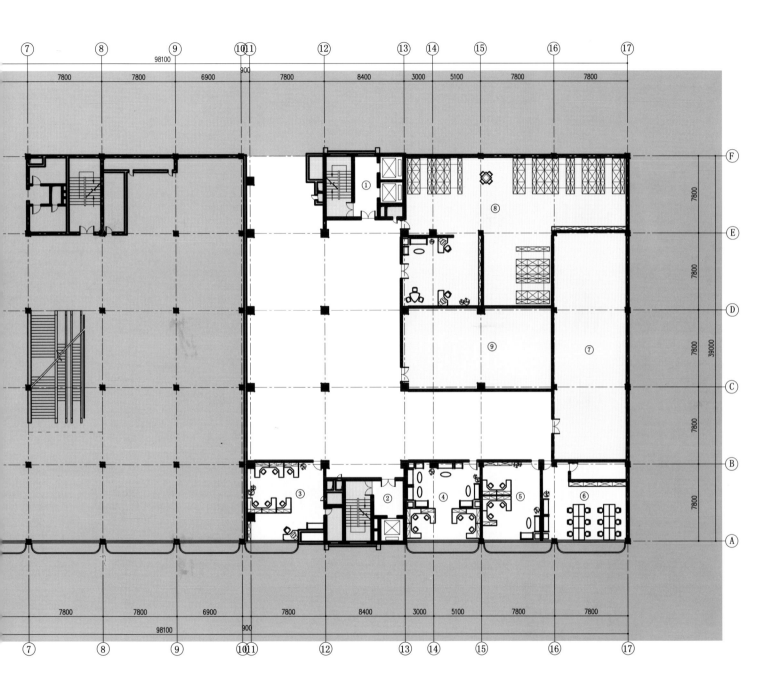

一层平面图 　大厅

建筑面积1692.1m²

1. 客梯厅　　　　（15.6m²）
2. 货梯厅　　　　（11.8m²）
3. 卫生间　　　　（43.3m²）
4. 大厅　　　　　（530m²）

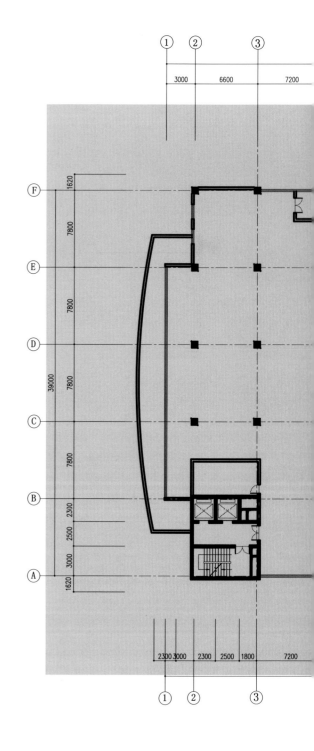

中国联通重庆分公司综合大楼平面方案

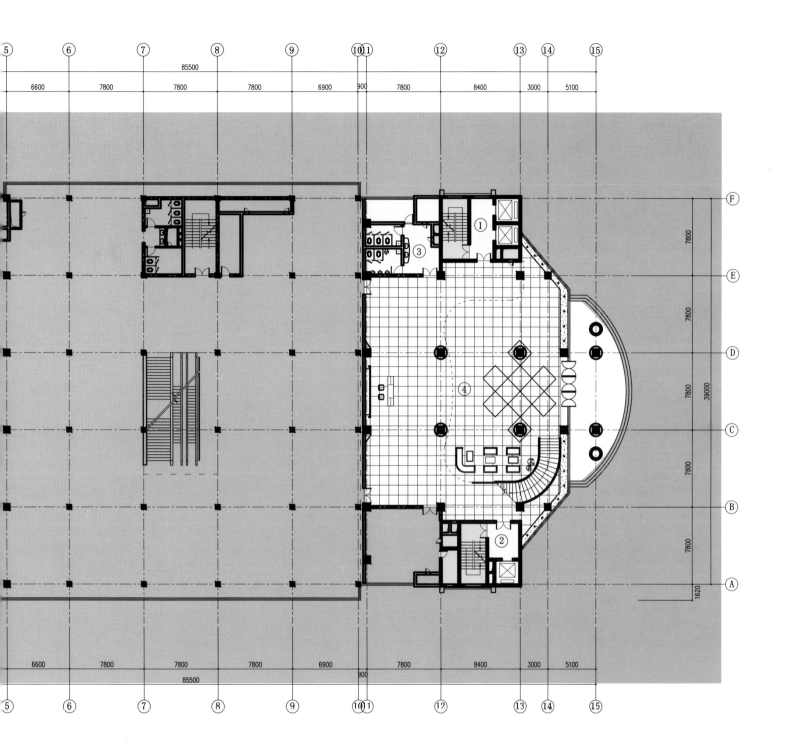

二层平面图　　多功能会议室

建筑面积1286.8m²

1. 客梯厅　　　　　（15.6m²）
2. 货梯厅　　　　　（11.8m²）
3. 卫生间　　　　　（43.3m²）
4. 多功能会议室　　（407.6m²）
5. 走廊　　　　　　（300.0m²）

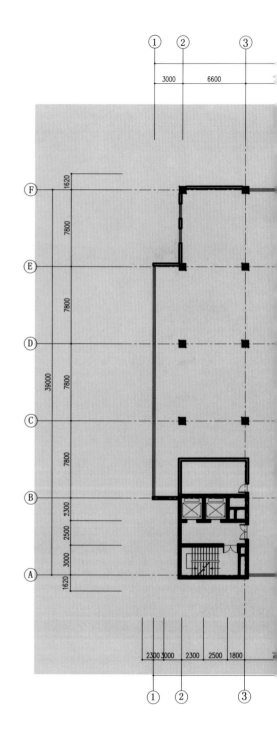

中国联通重庆分公司综合大楼平面方案

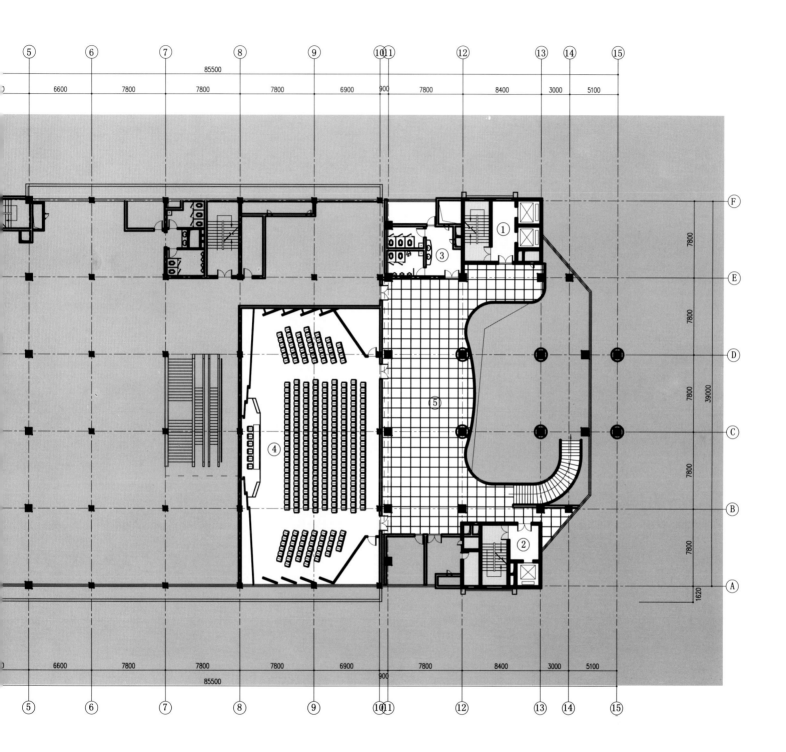

三层平面图　　营销库房

建筑面积835.2m²

1. 客梯厅　　　（15.6m²）
2. 货梯厅　　　（11.8m²）
3. 卫生间　　　（43.3m²）
4. 备　用　　　（46.5m²）
5. 营销部库房　（167.6m²）
6. 公用通道　　（104.2m²）
7. 寻呼部库房　（24.7m²）
8. 寻呼部写码室（41.5m²）
9. 寻呼部档案室（23.6m²）
10. 市场部库房　（168.8m²）

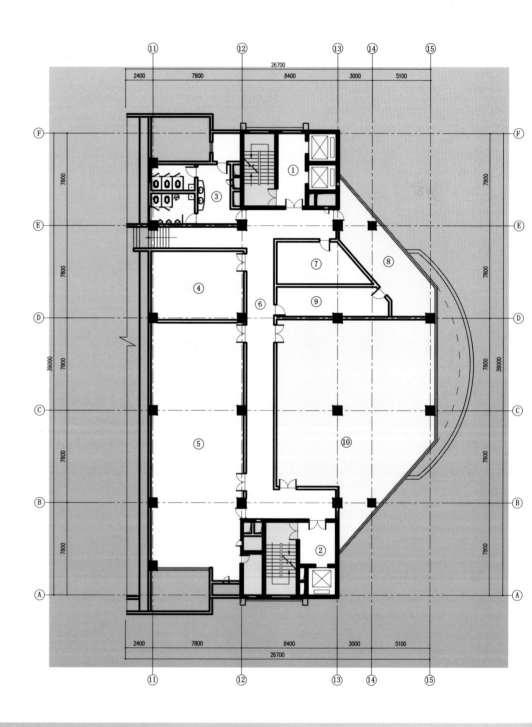

中国联通重庆分公司综合大楼平面方案

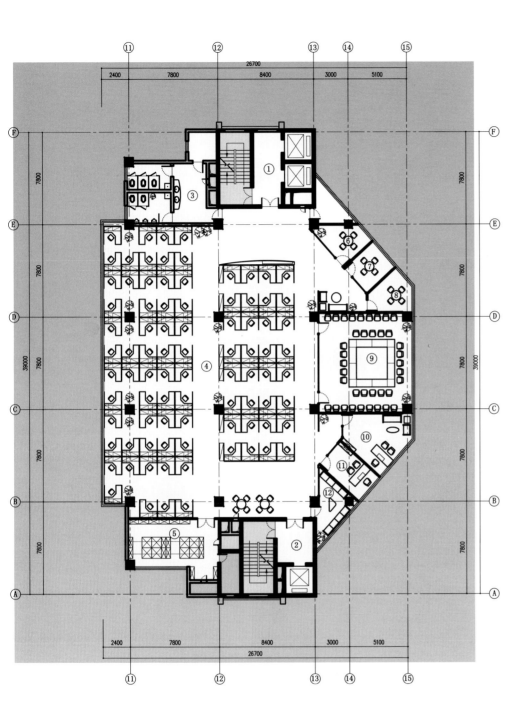

四层平面图　　营销部

建筑面积885.6m²

1. 客梯厅　　（15.6m²）
2. 货梯厅　　（11.8m²）
3. 卫生间　　（43.3m²）
4. 员工办公区兼公用通道　（492.3m²）
5. 资料室　　（33.9m²）
6. 接待室　　（10.3m²）
7. 接待室　　（9.5m²）
8. 接待室　　（10.5m²）
9. 会议室　　（61.3m²）
10. 经理室　　（22.7m²）
11. 副经理室　（12.1m²）
12. 休闲室　　（11.4m²）

五层平面图 数固部、大客户部

建筑面积885.6m²

1. 客梯厅　（15.6m²）
2. 货梯厅　（11.8m²）
3. 卫生间　（43.3m²）
4. 员工办公区兼公用通道　（473.9m²）
5. 接待室　（8.9m²）
6. 接待室　（8.1m²）
7. 接待室　（8.1m²）
8. 会议室　（31.3m²）
9. 副经理室　（30.5m²）
10. 经理室　（40.0m²）
11. 资料室　（30.0m²）
12. 资料室　（30.0m²）
13. 休闲室　（8.0m²）

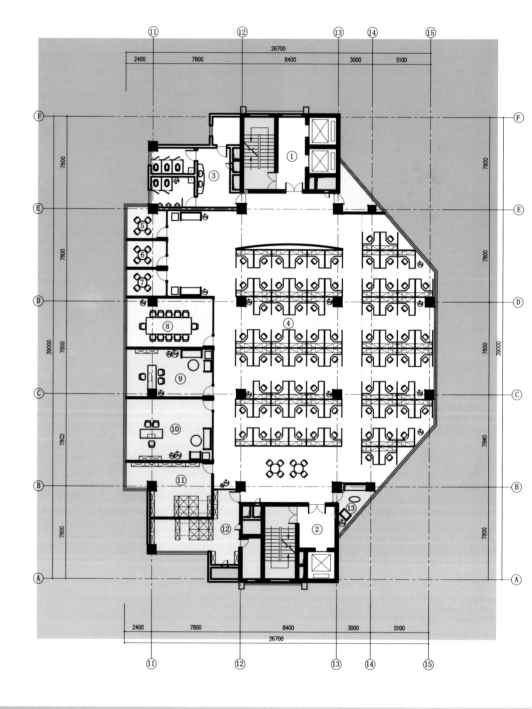

中国联通重庆分公司综合大楼平面方案

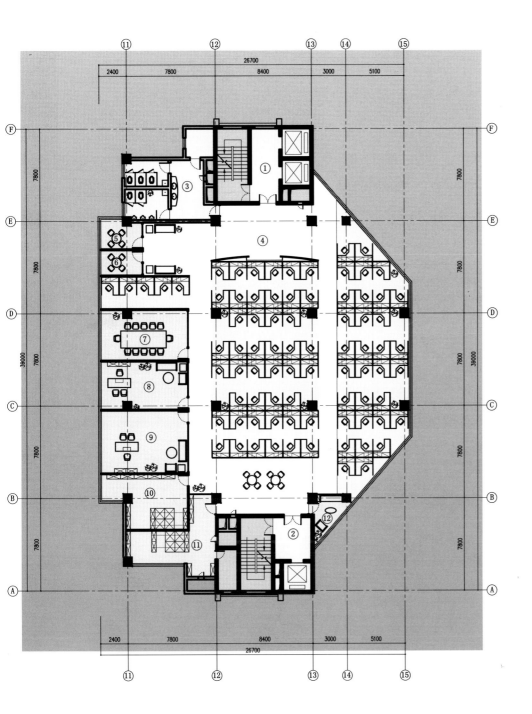

六层平面图 寻呼部、互联网部

建筑面积885.6m²

1. 客梯厅 （15.6m²）
2. 货梯厅 （11.8m²）
3. 卫生间 （43.3m²）
4. 员工办公区兼公用通道 （482.0m²）
5. 接待室 （8.9m²）
6. 接待室 （8.1m²）
7. 会议室 （31.3m²）
8. 副经理室 （30.5m²）
9. 经理室 （40.0m²）
10. 资料室 （30.0m²）
11. 资料室 （30.0m²）
12. 休闲室 （8.0m²）

八层平面图　　会议室

建筑面积885.6m²

1. 客梯厅　　（15.6m²）
2. 货梯厅　　（11.8m²）
3. 卫生间　　（43.3m²）
4. 多功能报告厅（276.7m²）
5. 会议室　　（74.1m²）
6. 公用通道　（125.7m²）
7. 会议室　　（49.0m²）
8. 会议室　　（89.5m²）
9. 会议室　　（39.4m²）

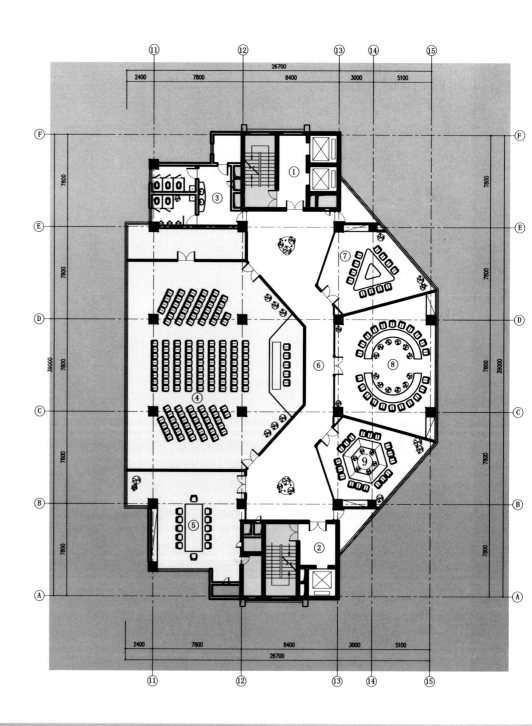

中国联通重庆分公司综合大楼平面方案

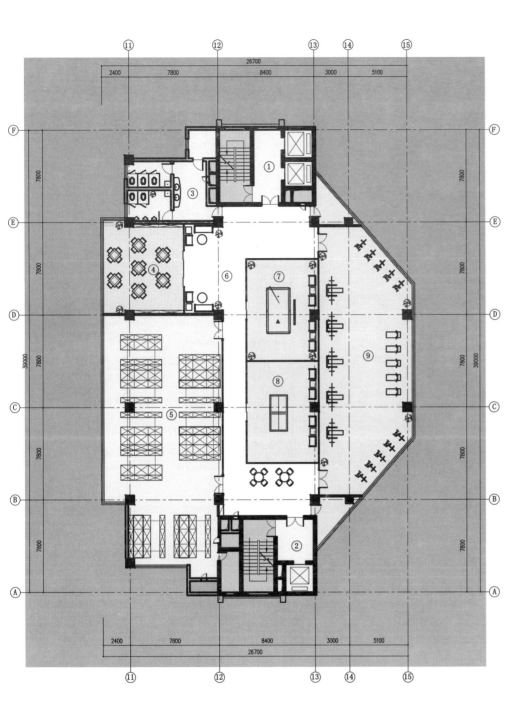

九层平面图 资料室、职工活动中心

建筑面积885.6m²

1. 客梯厅 （15.6m²）
2. 货梯厅 （11.8m²）
3. 卫生间 （43.3m²）
4. 棋盘室 （53.5m²）
5. 资料室 （206.5m²）
6. 公用通道 （131.2m²）
7. 台球室 （52.3m²）
8. 乒乓球室 （52.7m²）
9. 健身室 （160.7m²）

十层平面图　　会议室

建筑面积885.6m²

1. 客梯厅　　（15.6m²）
2. 货梯厅　　（11.8m²）
3. 卫生间　　（43.3m²）
4. 大会议室　（178.3m²）
5. 小会议室　（55.6m²）
6. 小会议室　（56.2m²）
7. 公用通道　（175.8m²）
8. 成果展览室（198.0m²）
9. 备用　　　（16.7m²）
10. 仓库　　　（12.4m²）

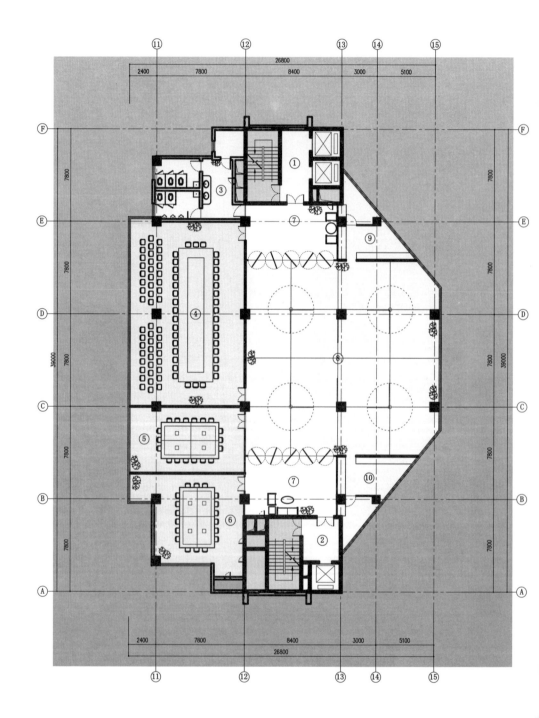

中国联通重庆分公司综合大楼 平面方案

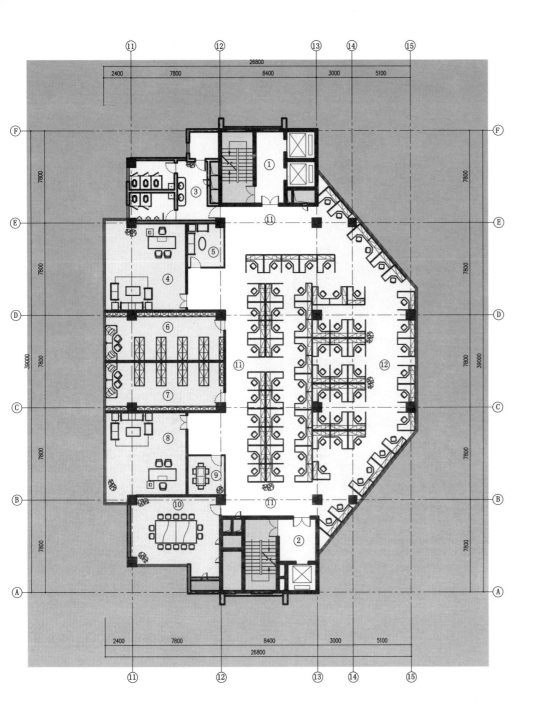

十三层平面图 　移动部、客服部

建筑面积881.0m²

1. 客梯厅　　　（15.6m²）
2. 货梯厅　　　（11.8m²）
3. 卫生间　　　（43.3m²）
4. 经理室办公室（52.3m²）
5. 接待室　　　（11.4m²）
6. 资料室　　　（38.3m²）
7. 资料室　　　（38.5m²）
8. 副经理办公室（50.7m²）
9. 接待室　　　（10.4m²）
10. 会议室　　　（45.5m²）
11. 公用通道　　（163.8m²）
12. 员工办公区　（260.3m²）

十四层平面图　　基网部、信息部

总建筑面积865.4 m²

1. 客梯厅　　（15.6m²）
2. 货梯厅　　（11.8m²）
3. 卫生间　　（43.3m²）
4. 经理室　　（32.4m²）
5. 接待室　　（7.9m²）
6. 员工办公区（255.3m²）
7. 副经理室　（30.5m²）
8. 资料室　　（30.1m²）
9. 资料室　　（20.6m²）
10. 接待室　　（7.9m²）
11. 公用通道　（196.7m²）
12. 会议室　　（34.3m²）
13. 休闲室　　（8.0m²）
14. 休闲室　　（12.8m²）

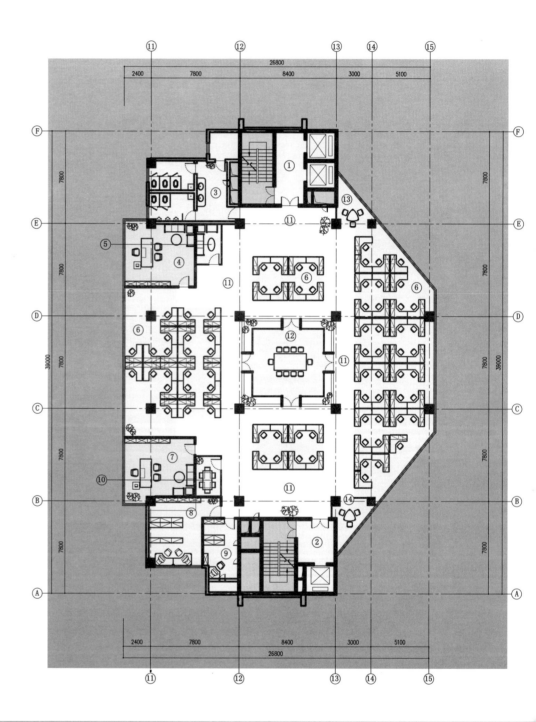

中国联通重庆分公司综合大楼平面方案

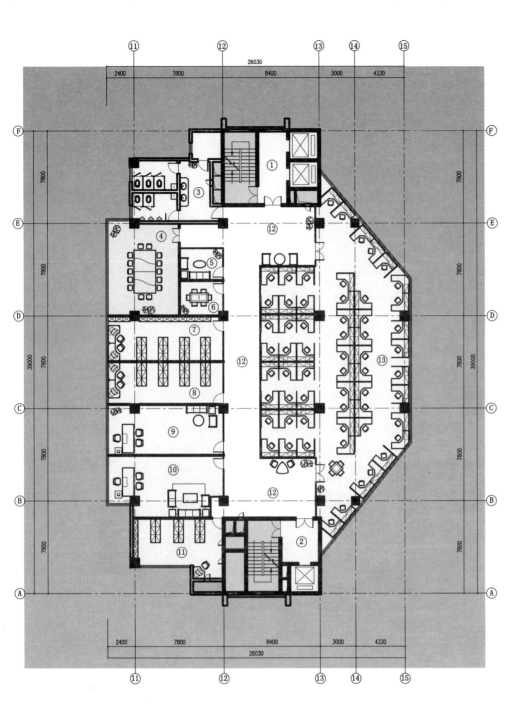

十五层平面图

综合市场部、运监部、互联互通部

总建筑面积865.4 m²

1. 客 梯 厅　　（15.6m²）
2. 货 梯 厅　　（11.8m²）
3. 卫 生 间　　（43.3m²）
4. 会 议 室　　（47.4m²）
5. 接 待 室　　（9.0m²）
6. 接 待 室　　（9.0m²）
7. 资 料 室　　（37.1m²）
8. 资 料 室　　（37.0m²）
9. 副经理室　　（40.7m²）
10. 经 理 室　　（47.2m²）
11. 资 料 室　　（33.4m²）
12. 公用通道　　（174.9m²）
13. 员工办公区　（232.5m²）

十六层平面图　计划部、财务部

总建筑面积851.7 m²

1. 客梯厅　（15.6m²）
2. 货梯厅　（11.8m²）
3. 卫生间　（43.3m²）
4. 副经理室（40.2m²）
5. 接待室　（8.4m²）
6. 接待室　（10.0m²）
7. 会议室　（35.7m²）
8. 经理室　（42.7m²）
9. 资料室　（23.4m²）
10. 资料室　（42.3m²）
11. 公用通道（175.6m²）

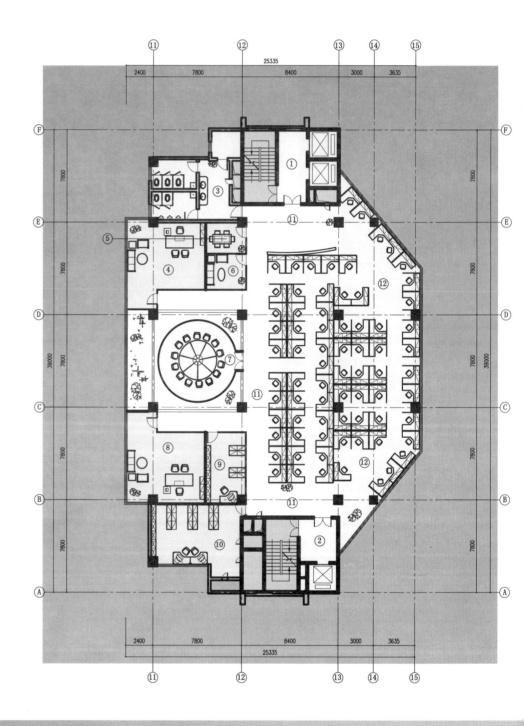

中国联通重庆分公司综合大楼平面方案

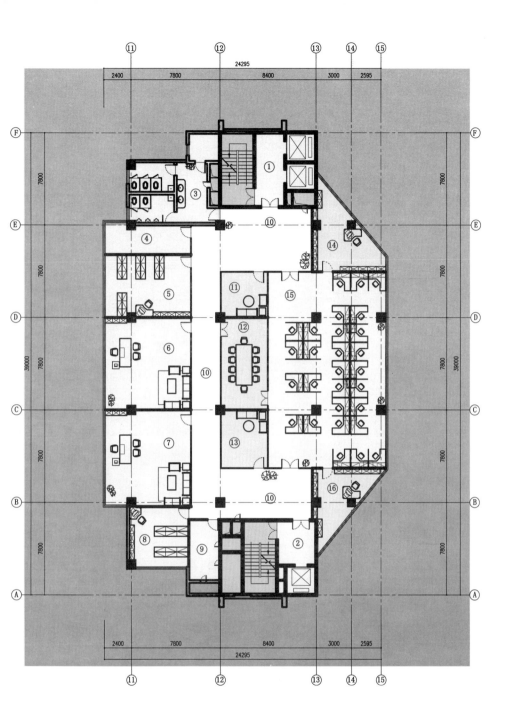

十七层平面图

综合部、人事部、审计部、监察室

建筑面积832.8m²

1. 客梯厅 （15.6m²）
2. 货梯厅 （11.8m²）
3. 卫生间 （43.3m²）
4. 文印室 （18.1m²）
5. 资料室 （38.2m²）
6. 经理办公室 （56.3m²）
7. 副经理办公室 （62.0m²）
8. 资料室 （26.3m²）
9. 机要室 （12.4m²）
10. 公用通道 （168.8m²）
11. 接待室 （14.2m²）
12. 会议室 （31.5m²）
13. 接待室 （19.3m²）
14. 资料室 （29.8m²）
15. 员工办公区 （120.7m²）
16. 资料室 （23.2m²）

十八层平面图　　公司领导办公区1

建筑面积807.3m²

1. 客梯厅　　（15.6m²）
2. 货梯厅　　（11.8m²）
3. 卫生间　　（43.3m²）
4. 总工室　　（77.0m²）
5. 副总室　　（71.0m²）
6. 副总室　　（71.9m²）
7. 小会议室　（47.2m²）
8. 公用通道　（120.0m²）
9. 接待室　　（30.0m²）
10. 书记办公室（106.0m²）
11. 副总工室　（72.0m²）

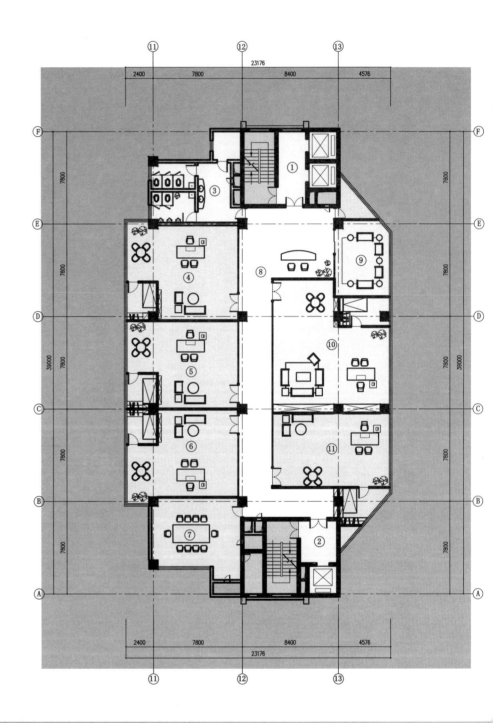

中国联通重庆分公司综合大楼平面方案

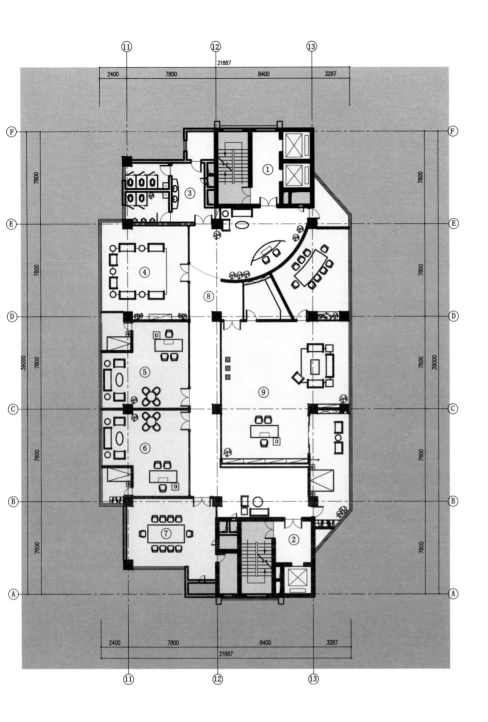

十九层平面图 公司领导办公区2

建筑面积769.4m²

1. 客梯厅 （15.6m²）
2. 货梯厅 （11.8m²）
3. 卫生间 （43.3m²）
4. 会客室 （60.0m²）
5. 副总室 （56.8m²）
6. 副总室 （56.8m²）
7. 小会议室 （46.5m²）
8. 公用通道 （140.0m²）
9. 总经理室 （204.6m²）

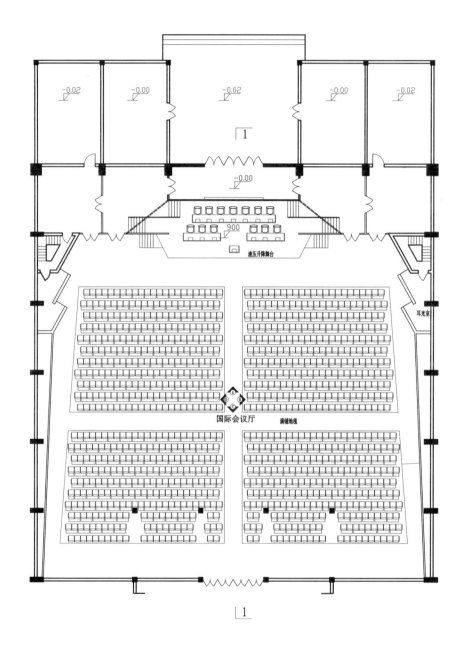

国际会议厅平面图

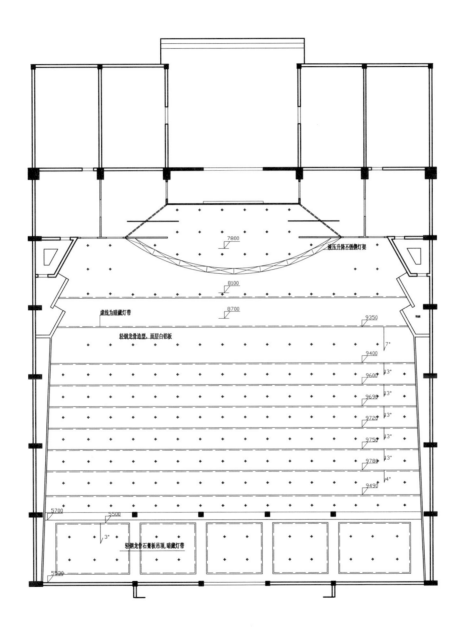

国际会议厅顶棚图

DOT-LINE-PLANE Space Design

桂林国际会议中心

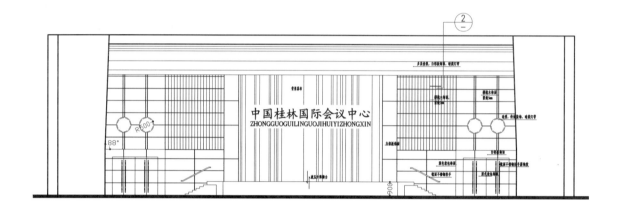

国际会议厅A立面图

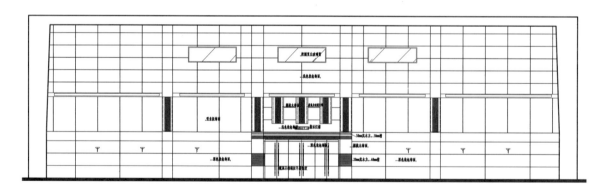

国际会议厅C立面图

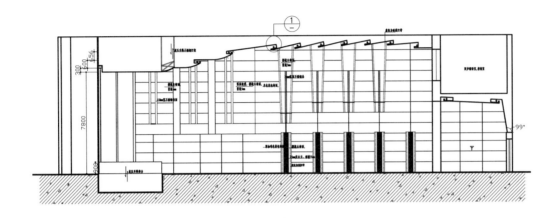

国际会议厅1-1立面图

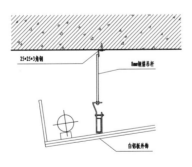

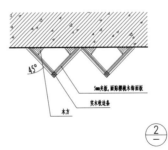

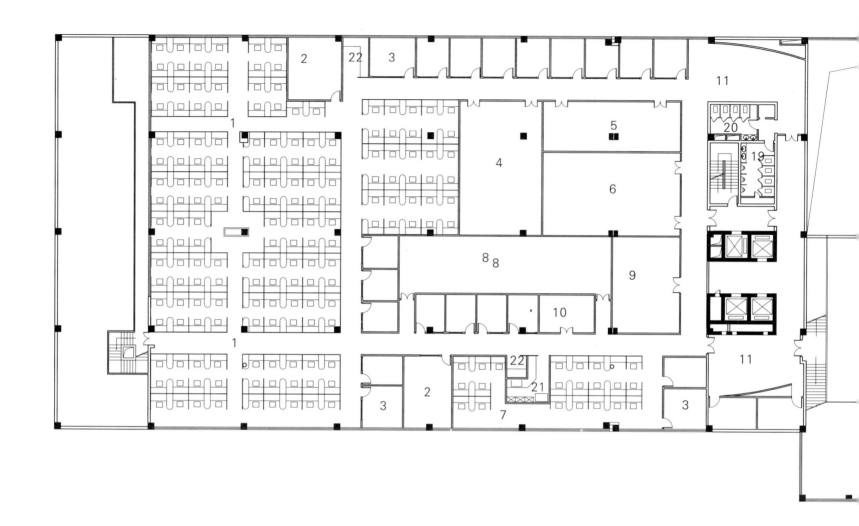

UT斯达康（中国）有限公司深圳分公司二层平面功能布置图

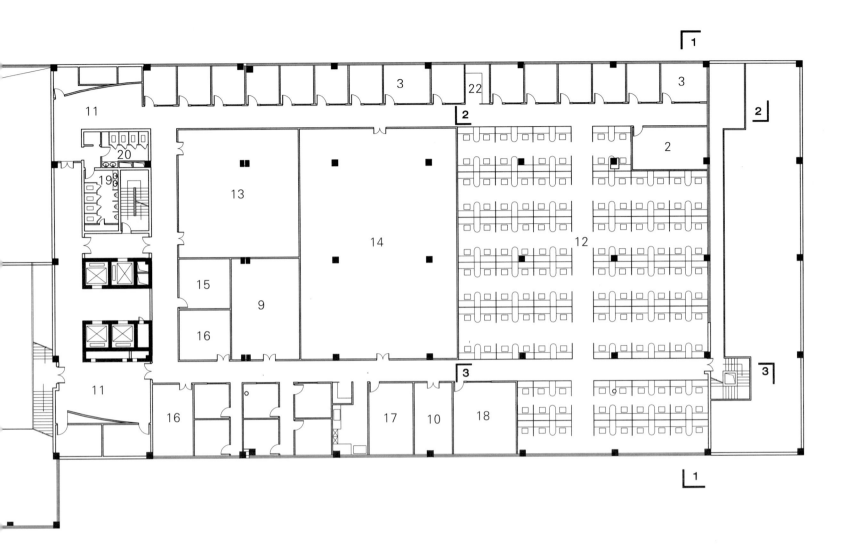

注： 1. RT部门
2. 副总经理办公室
3. 经理室
4. RT部门A实验室
5. RT部门B实验室
6. RT部门C实验室
7. SER部门
8. SER部门实验室
9. 中会议室
10. 小会议室
11. 企业文化廊
12. 3G部门
13. 3G部门B实验室
14. 3G部门C实验室
15. B实验室工作间
16. 访客室
17. IDF机房
18. 总经理办公室
19. 男洗手间
20. 女洗手间
21. 复印打印室
22. 茶水间

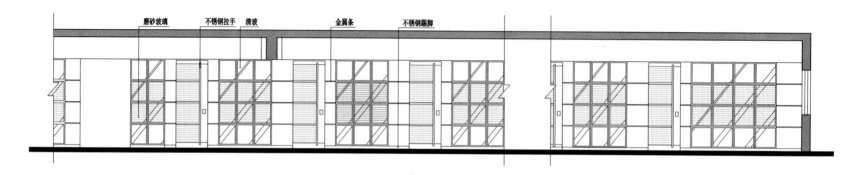

二层剖立面图 1-1

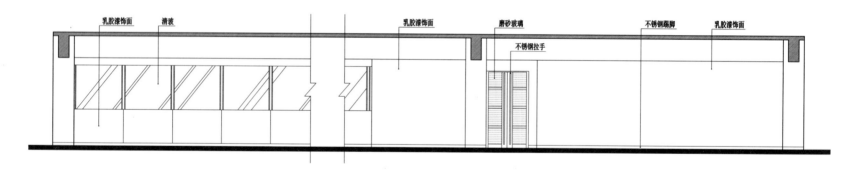

二层剖立面图 2-2

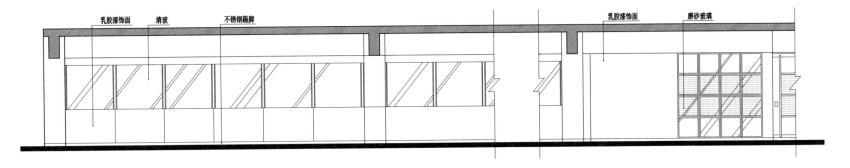

二层剖立面图 3-3

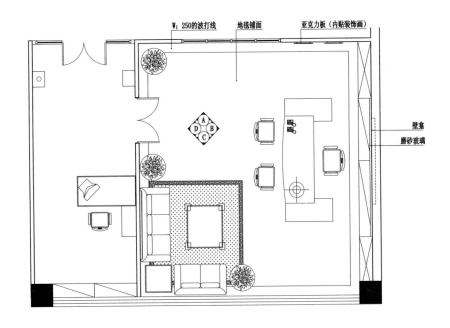

总经理办公室平面

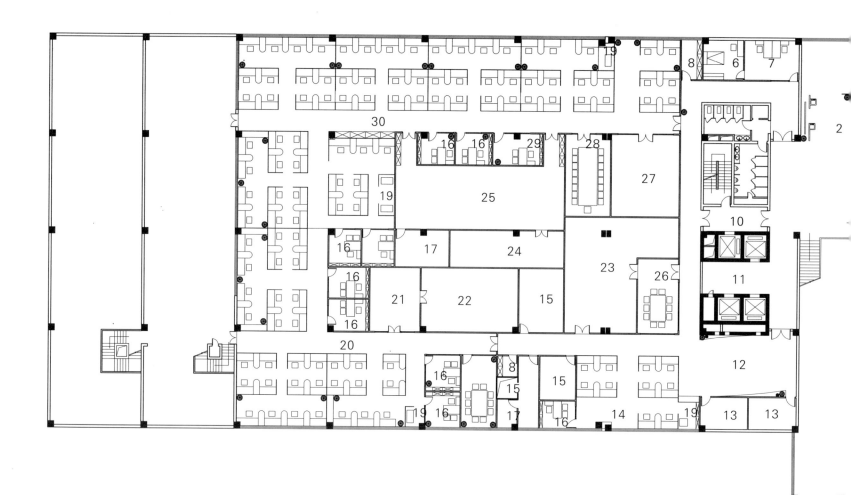

UT斯达康（中国）有限公司深圳分公司三层平面功能布置图

注：
1. 前台
2. 产品图片展示区
3. 访客休息区
4. 接待室
5. 面试室
6. 保安休息室
7. 保安办公室
8. 茶水间
9. 洗手间
10. 消防通道
11. 电梯间
12. 企业文化廊
13. 机房
14. 工厂开敞
15. 工厂实验室
16. 主管办公室
17. UPS室
18. 小会议室
19. 文印区
20. HW开敞式办公室
21. 工作间
22. HW实验室
23. 3G实验室B
24. 服务器房
25. SIT实验室
26. 办公室
27. 档案室
28. 中会议室
29. 经理办公室
30. SIF开敞式办公室
31. 淋浴室
32. 大会议室
33. HR办公室
34. HR仓
35. 票据仓
36. 3G(A)办公室
37. FIN办公室
38. 秘书室
39. 总经理办公室
40. 副总办公室
41. 仓库
42. 货仓采购部
43. 司机室
44. 培训室
45. 行政办公室
46. 行政仓库
47. 货库
48. 活动室
49. 资料室
50. ADM办公室

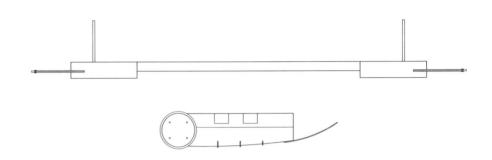

接待厅前台平面大样

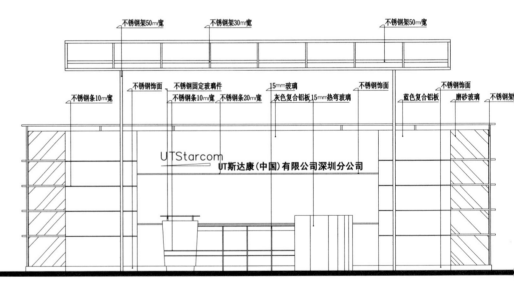

接待厅前台立面大样

展区展柜平面大样

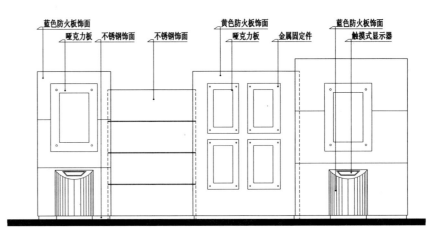

展区展柜立面大样

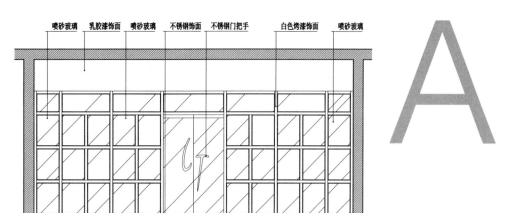

中会议室A立面图

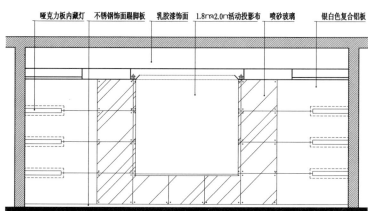

中会议室C立面图

中会议室平面布置

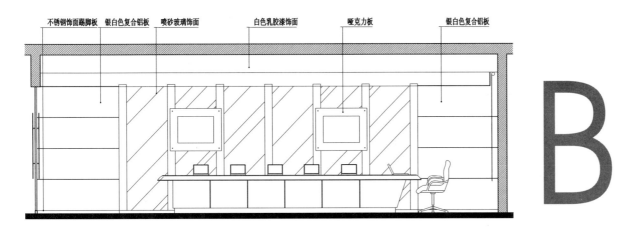

中会议室B立面图

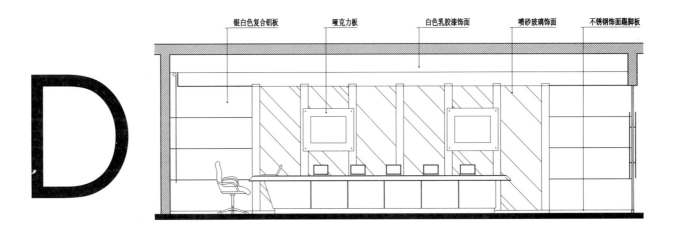

中会议室D立面图

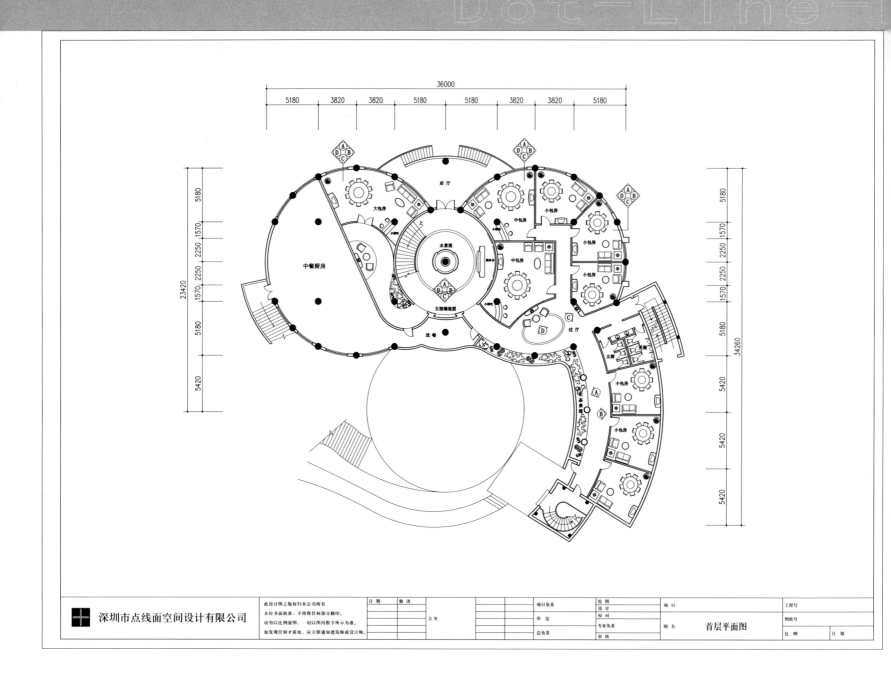

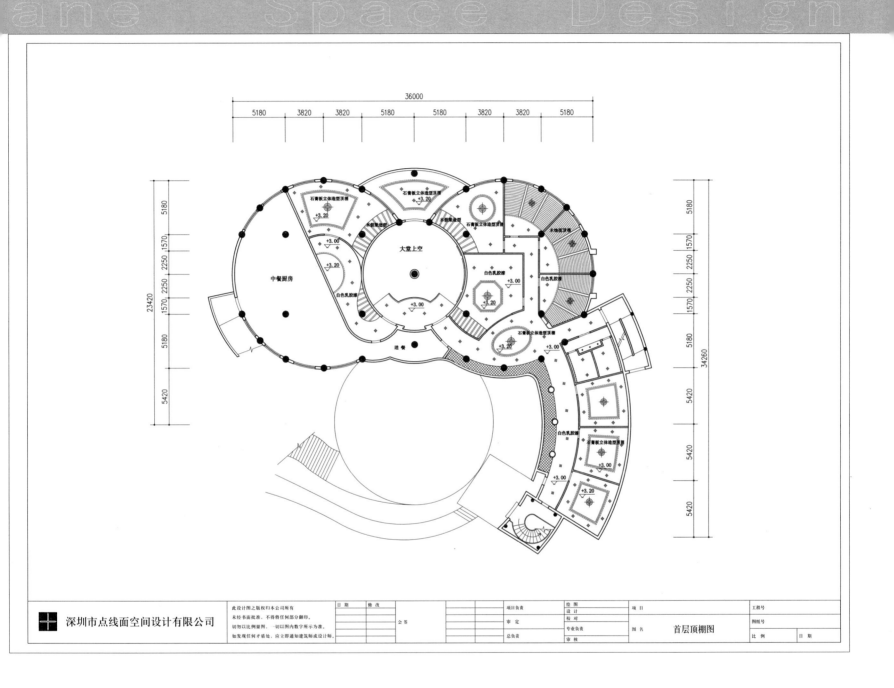

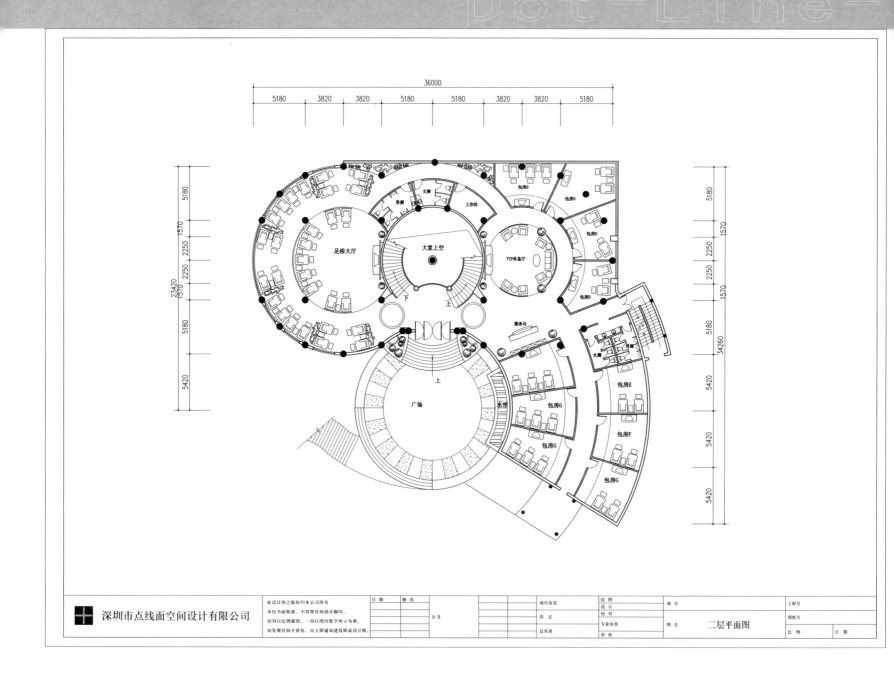

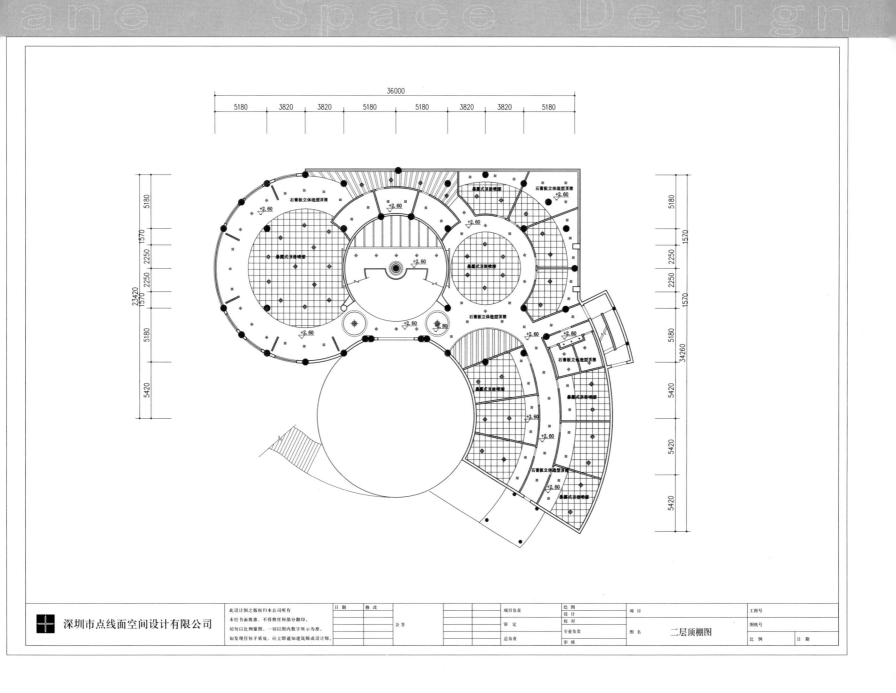

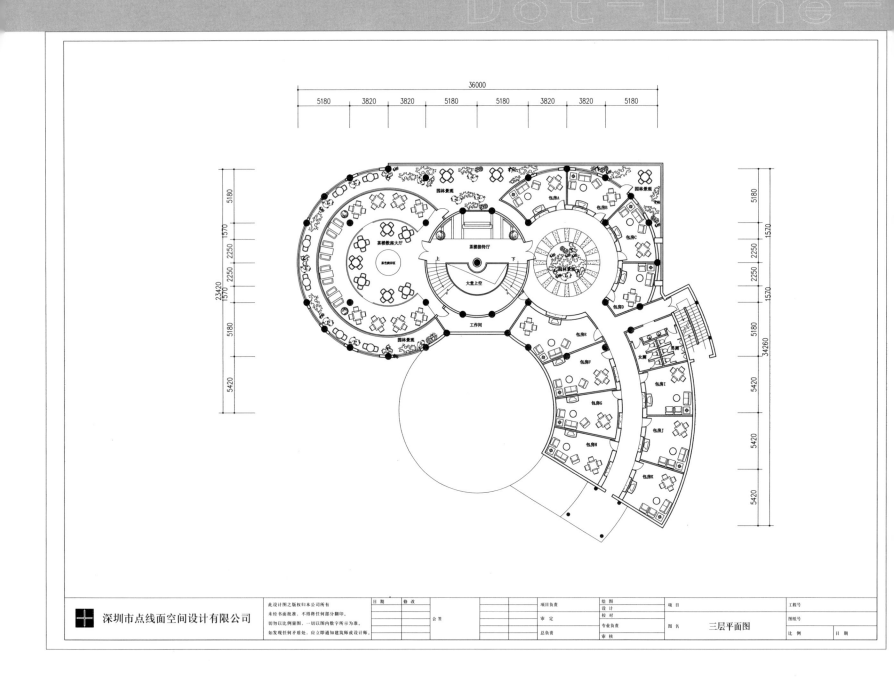

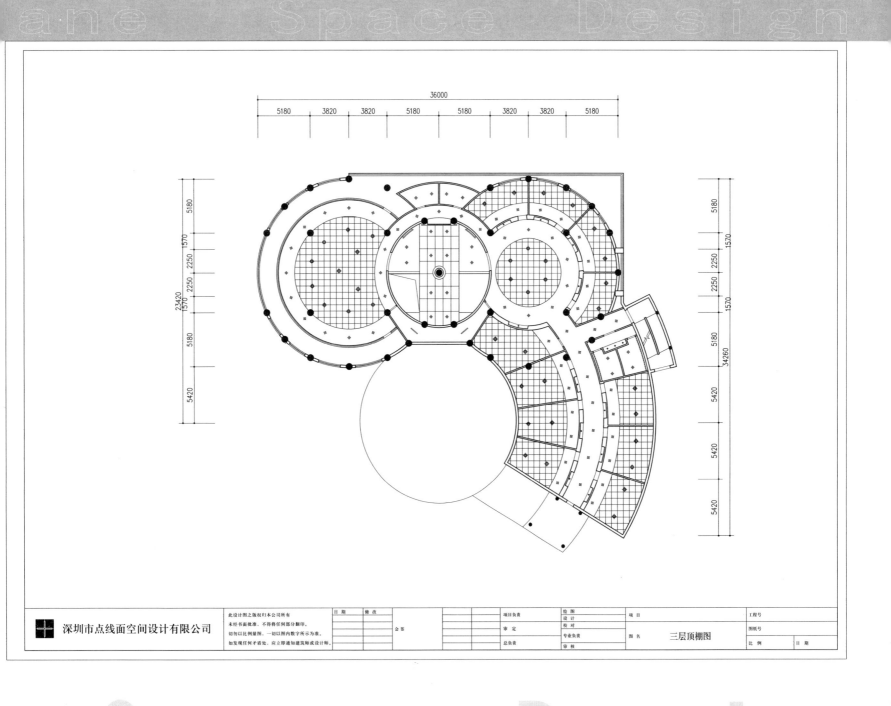

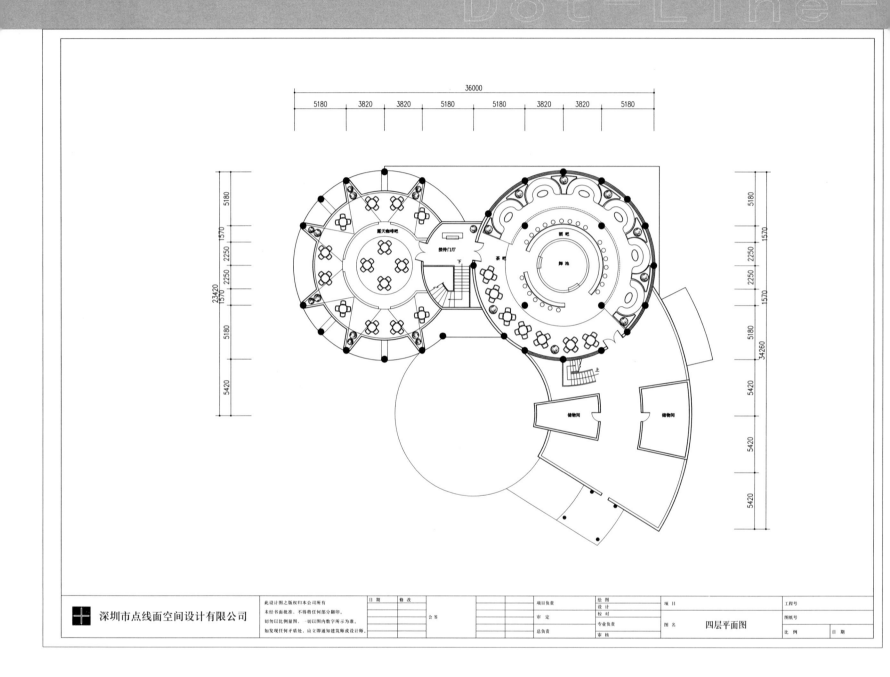

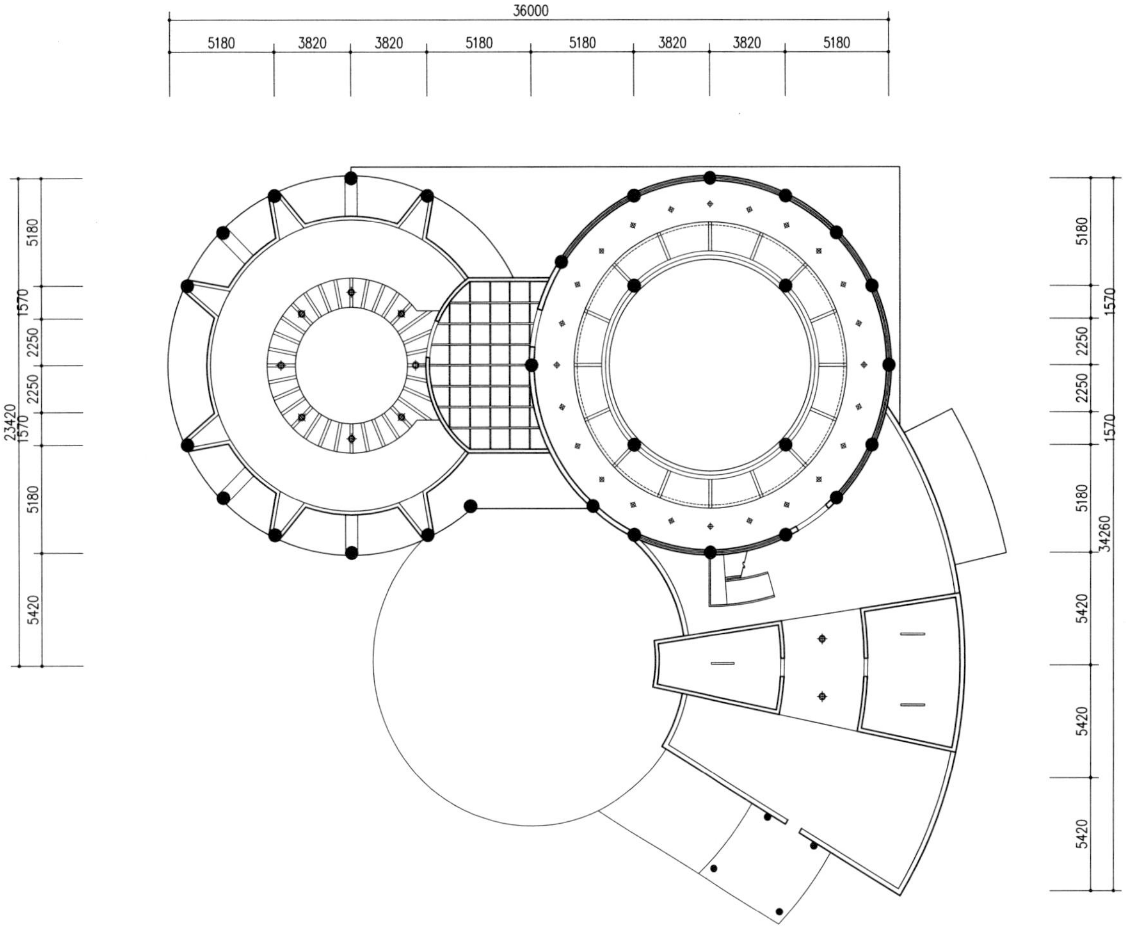

深圳市点线面空间设计有限公司

此设计图之版权归本公司所有
未经书面批准，不得将任何部分翻印。
切勿以比例量图，一切以图内数字所示为准。
如发现任何矛盾处，应立即通知建筑师或设计师。

日 期	修 改	会 签	项目负责	绘 图	项 目	工程号
				设 计		
			审 定	校 对		图纸号
				专业负责	图 名 四层顶棚图	
			总负责	审 核		比 例 / 日 期

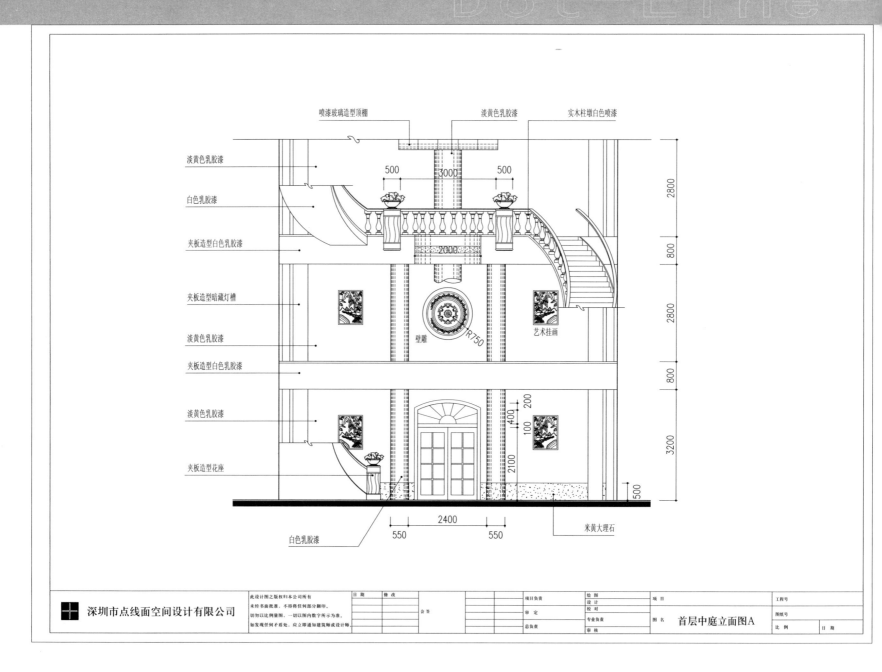

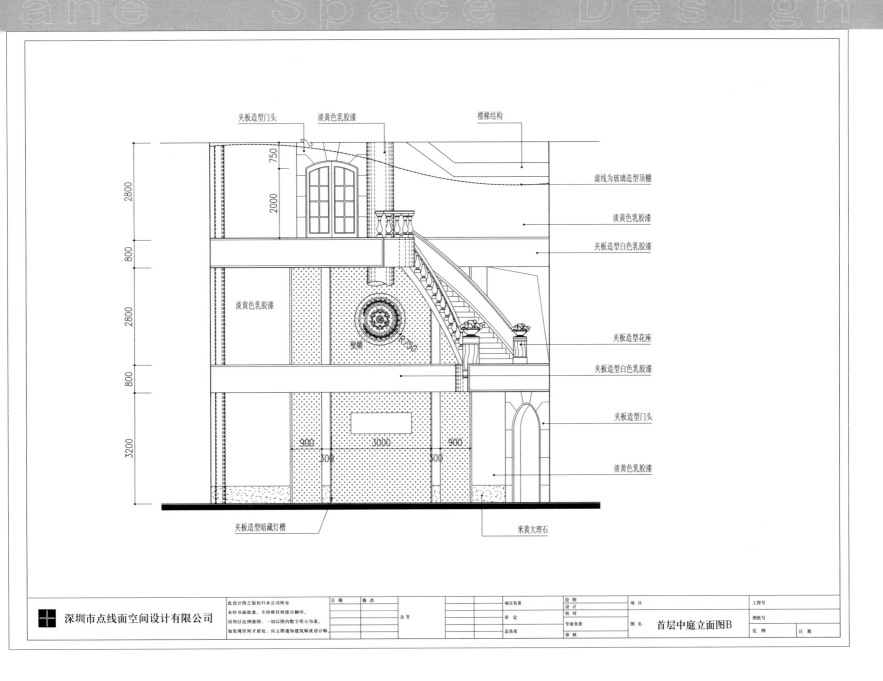

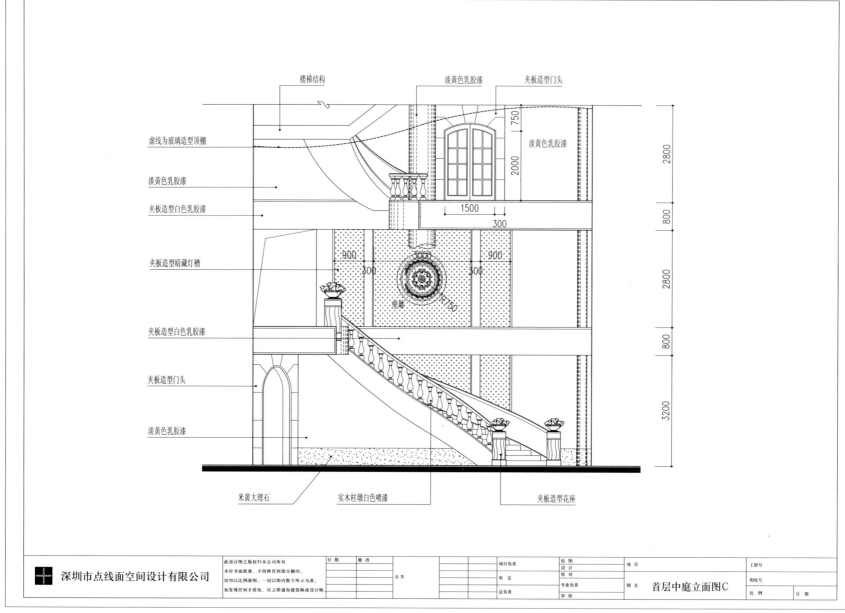

首层中庭立面图D

标注说明：
- 喷漆玻璃造型顶棚
- 夹板吊顶白色乳胶漆
- 淡黄色乳胶漆
- 夹板造型白色乳胶漆
- 入口大门造型
- 夹板造型暗藏灯槽
- 实木柱墩白色喷漆
- 夹板造型白色乳胶漆
- 淡黄色乳胶漆
- 夹板造型门头
- 米黄大理石
- 门洞
- 油画
- 金属肌理墙纸

尺寸：2800 / 800 / 2800 / 800 / 3200 / 500
400 / 1500 / 400 / 2600 / 400

深圳市点线面空间设计有限公司

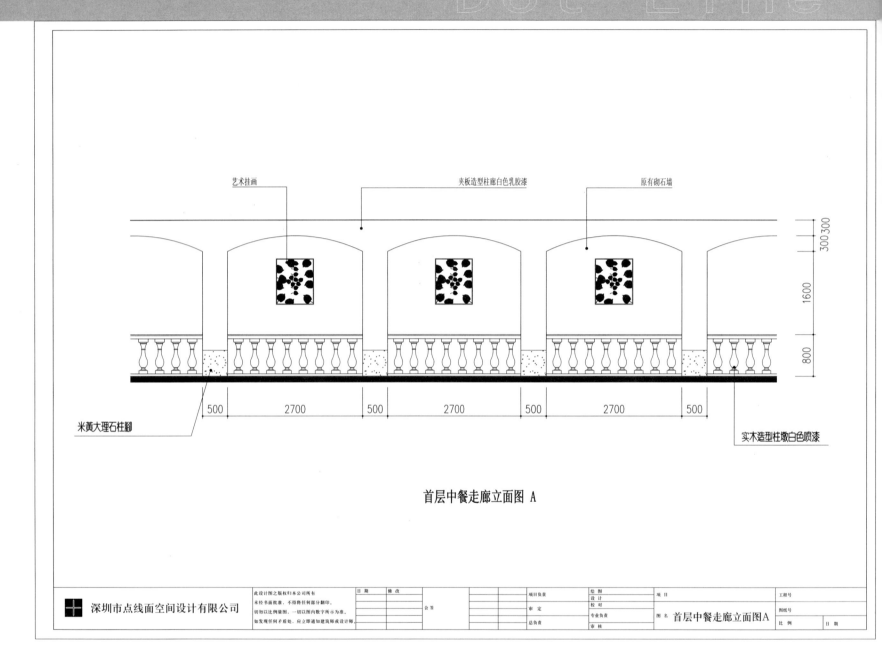

首层中餐走廊立面图 A

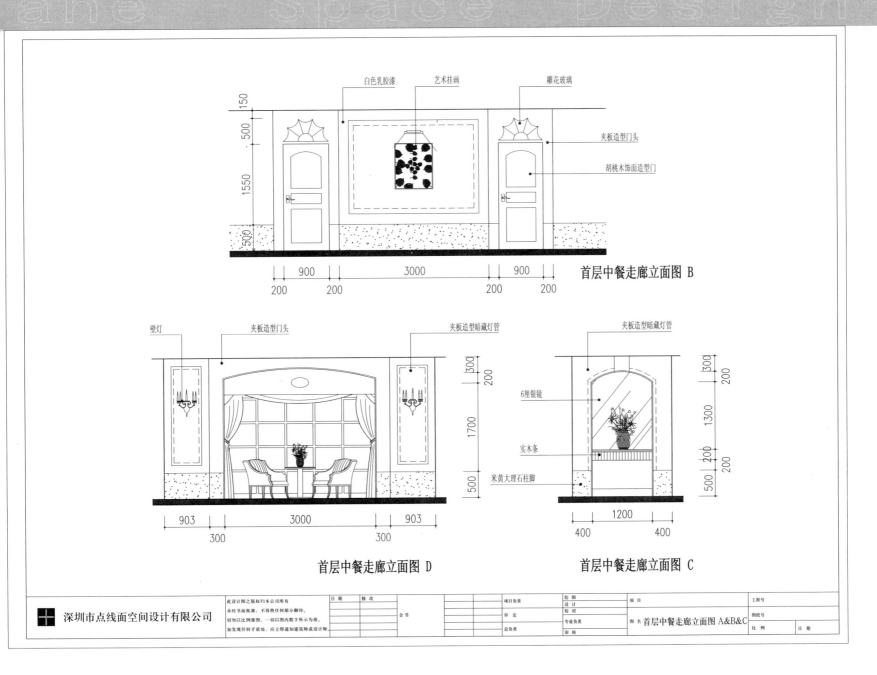

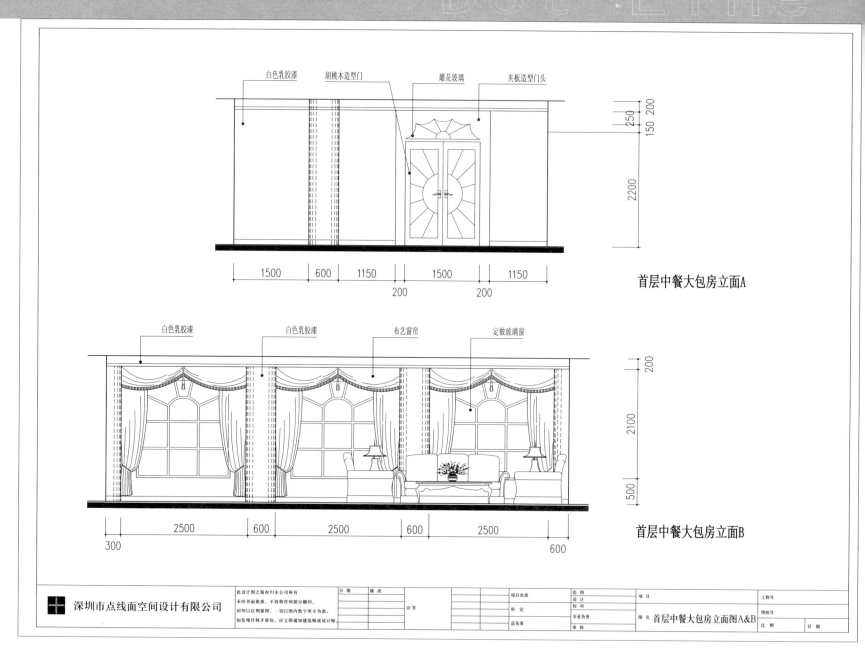

首层中餐大包房立面A

首层中餐大包房立面B

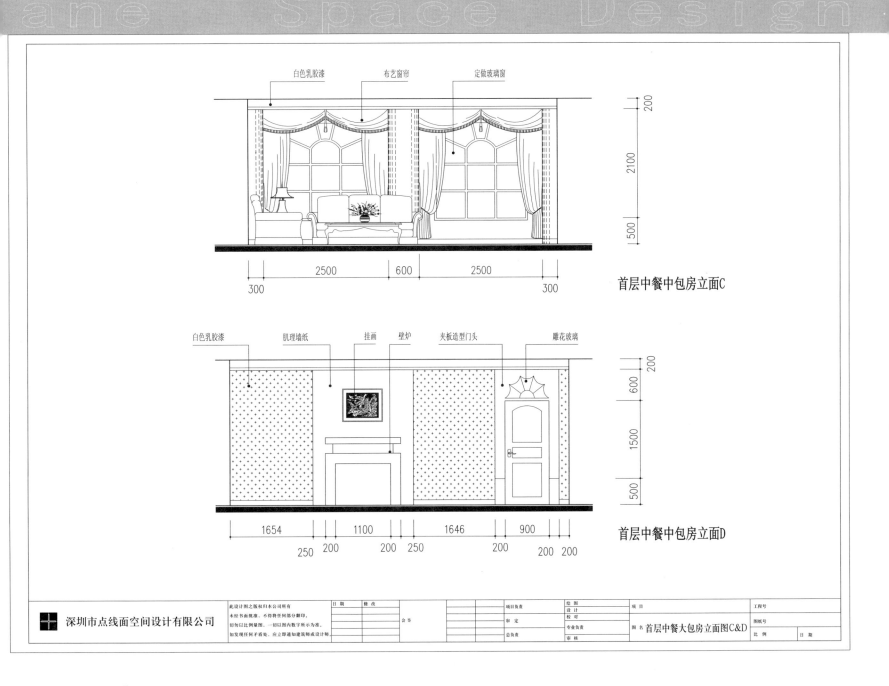

首层中餐中包房立面C

首层中餐中包房立面D

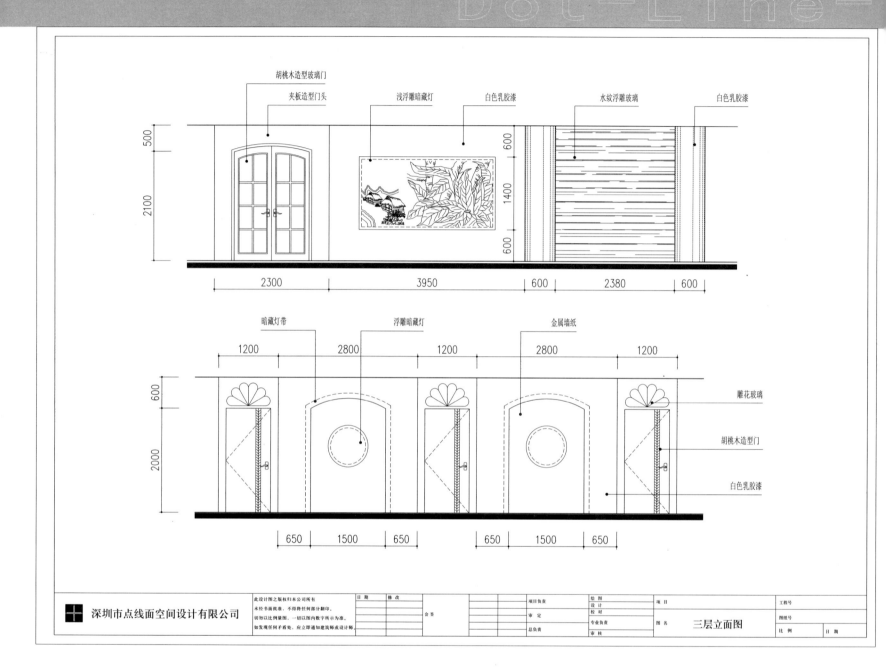

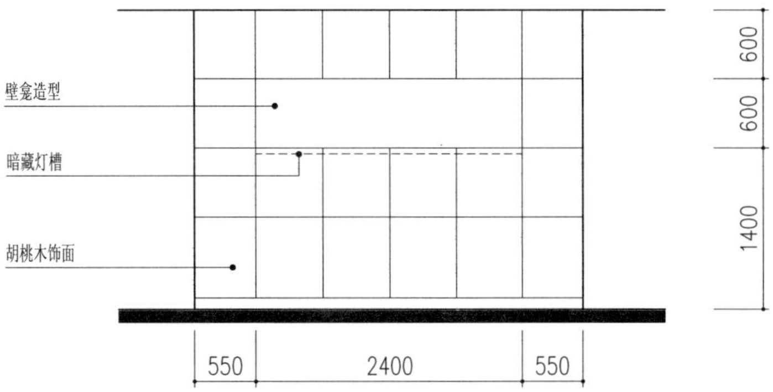
壁龛造型
暗藏灯槽
胡桃木饰面
600
600
1400
550
2400
550

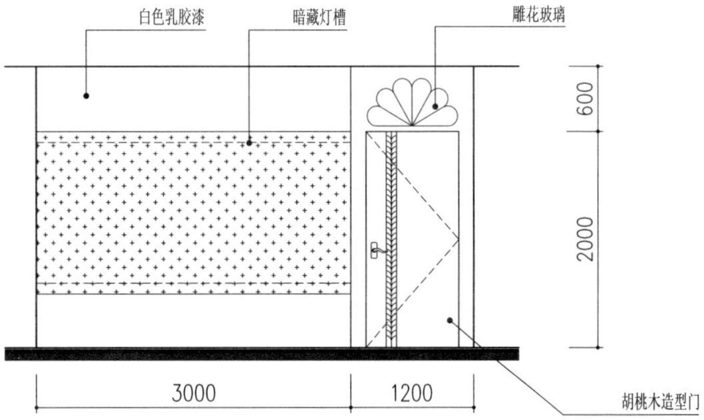
白色乳胶漆
暗藏灯槽
雕花玻璃
600
2000
3000
1200
胡桃木造型门

深圳市点线面空间设计有限公司

日期	修改	会签			项目负责	绘图 / 设计	项目	工程号
					审定	校对 / 专业负责	图名 三层立面图	图纸号
					总负责	审核		比例 / 日期

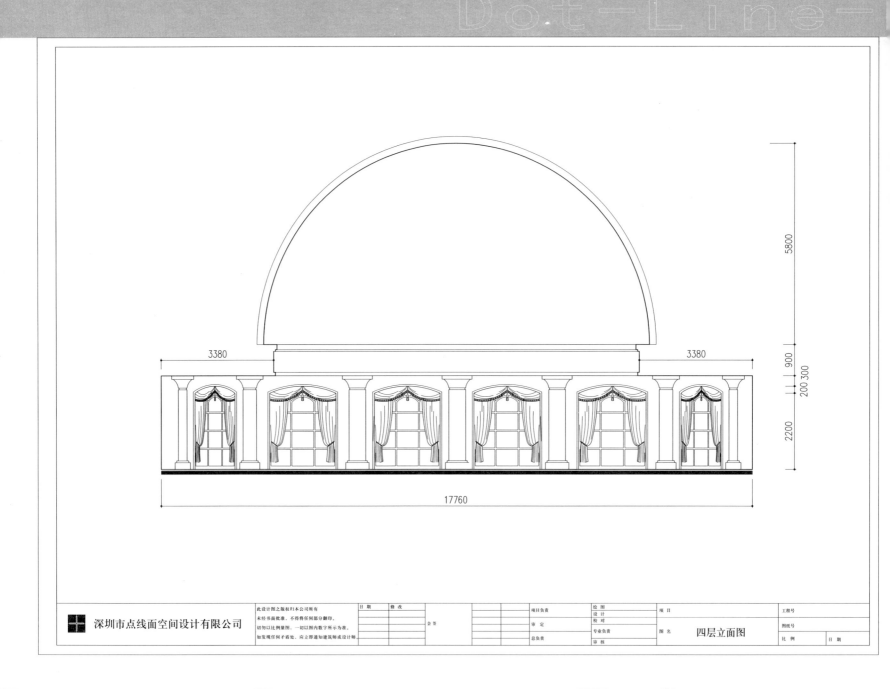

四层酒吧立面图

拉萨九九火锅城酒楼改造工程

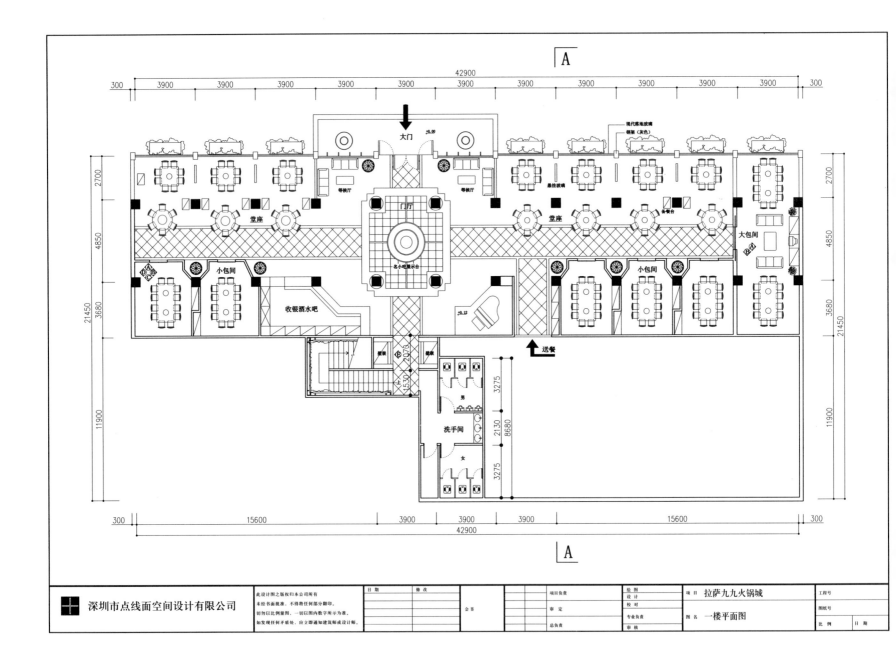

DOT-LINE-PLANE Space Design

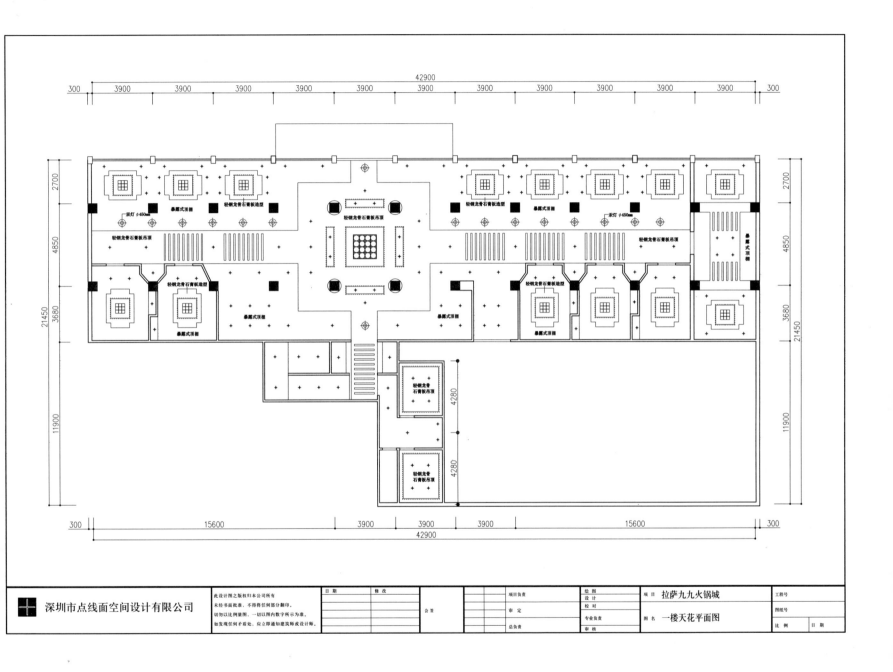

拉萨九九火锅城酒楼改造工程

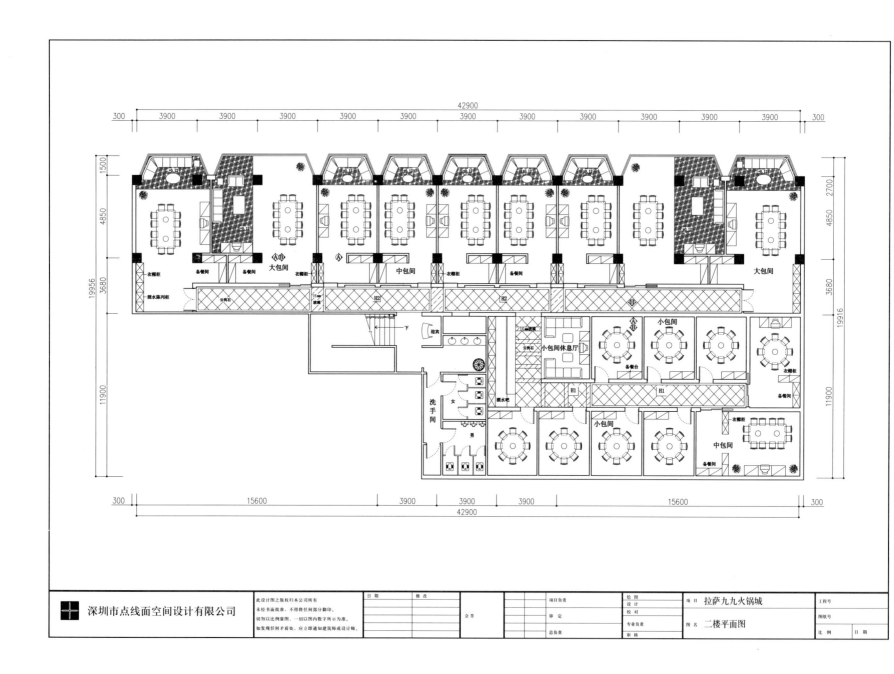

二楼平面图

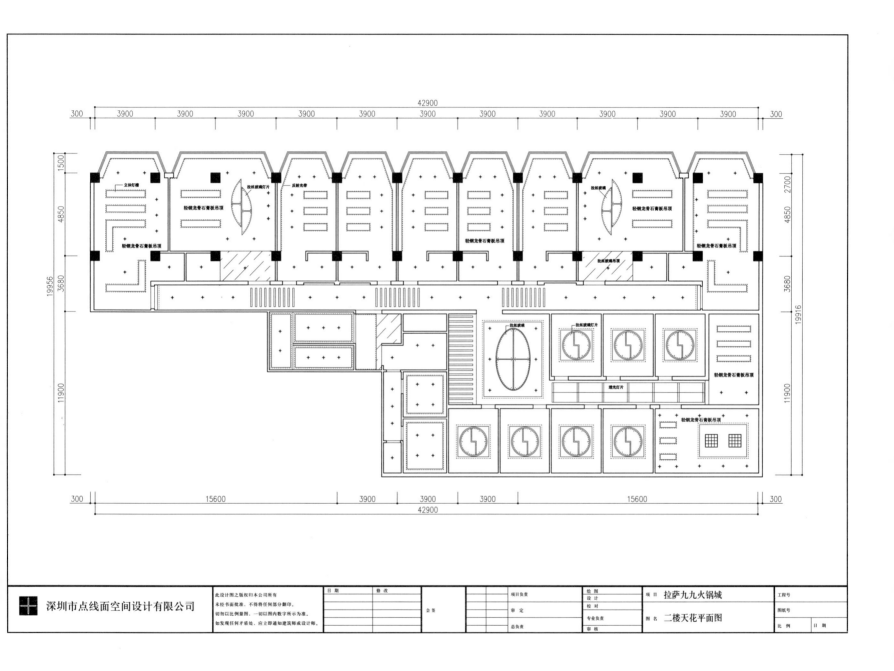

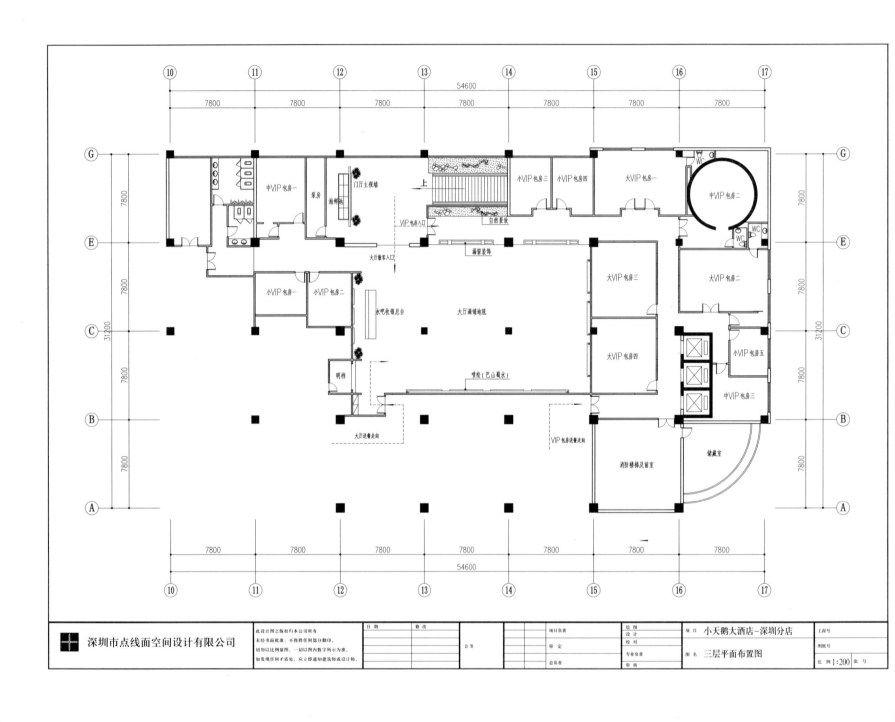

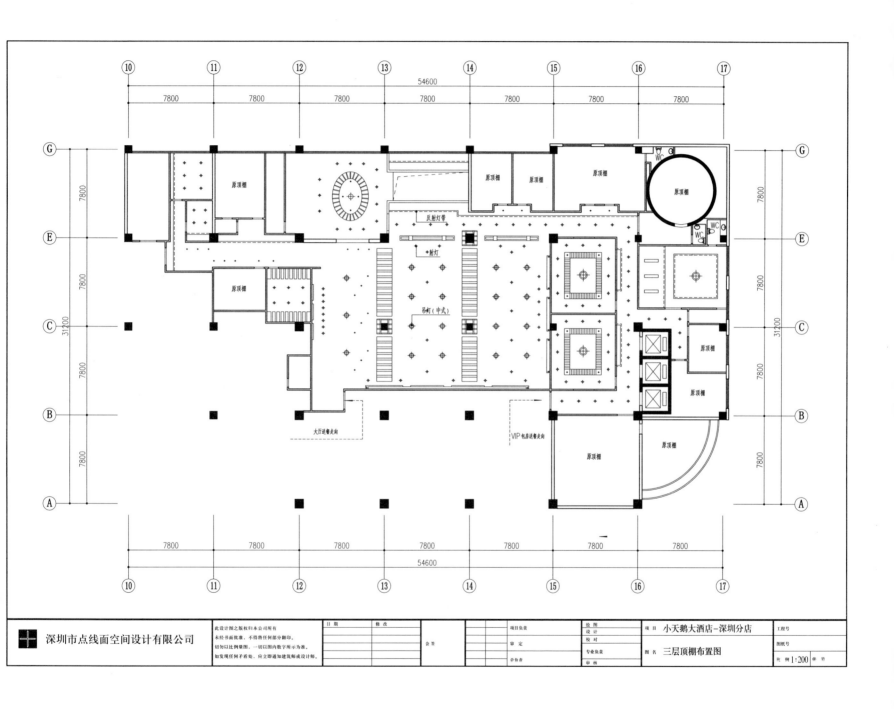

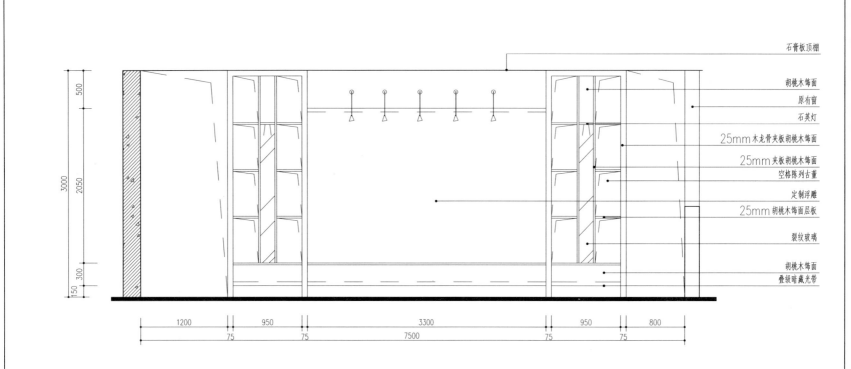

三层门厅接待台主视背景墙立面

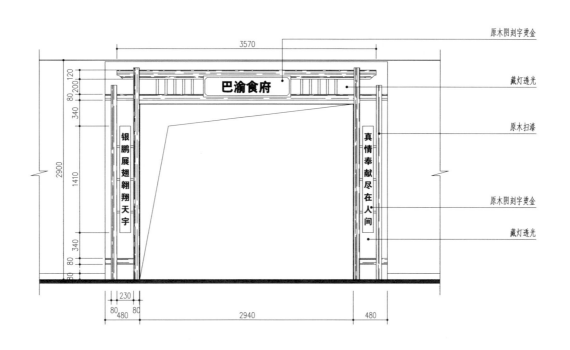

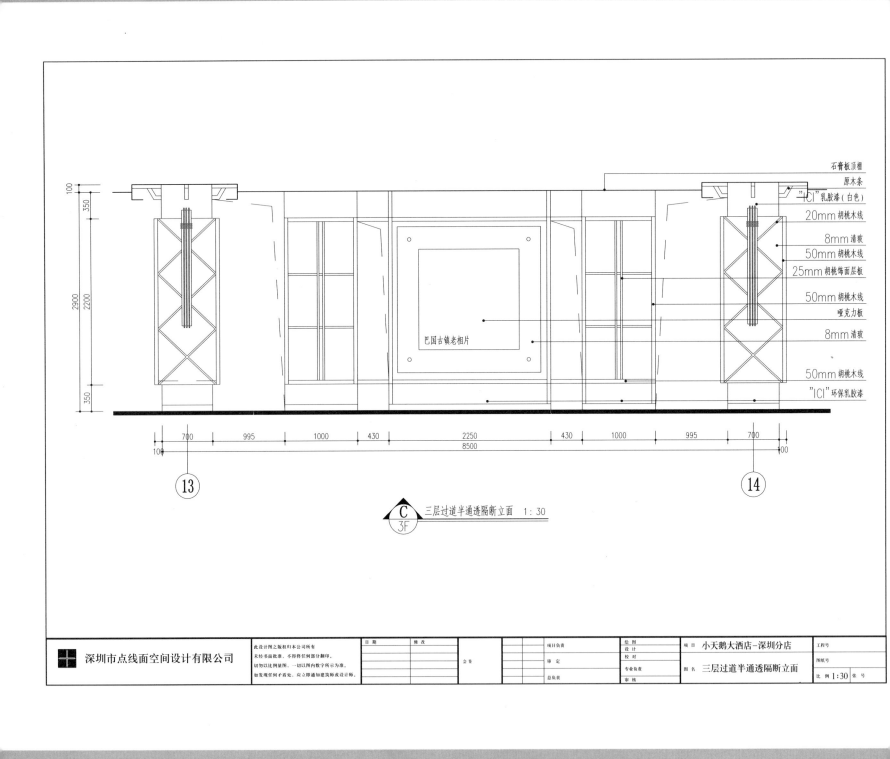

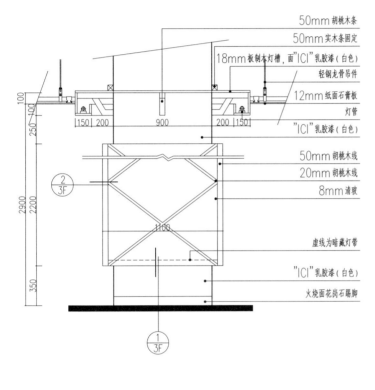
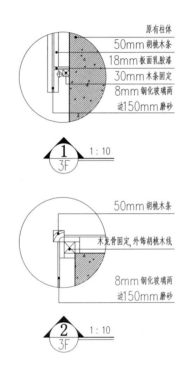

三层大厅柱子大样　　1：20

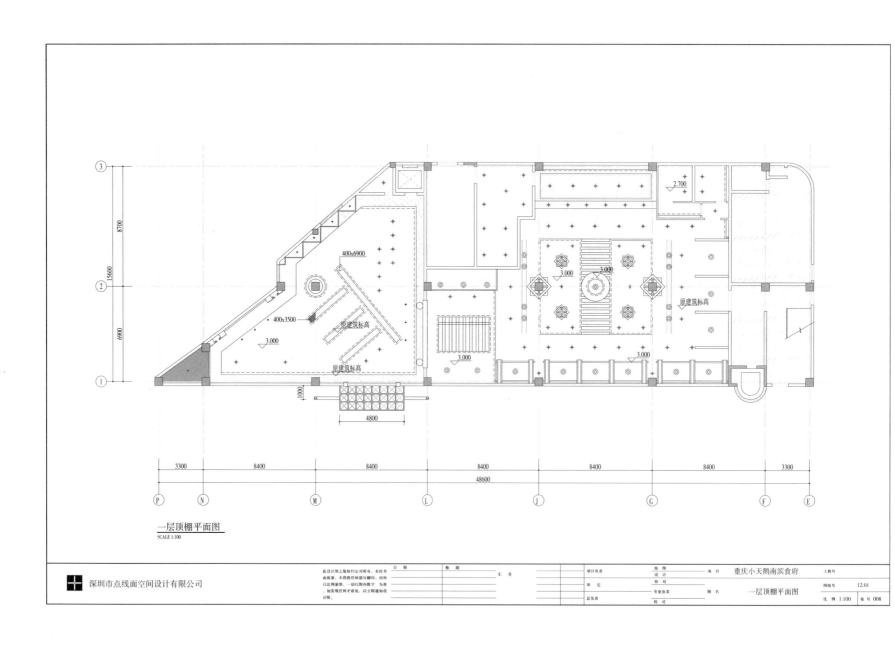

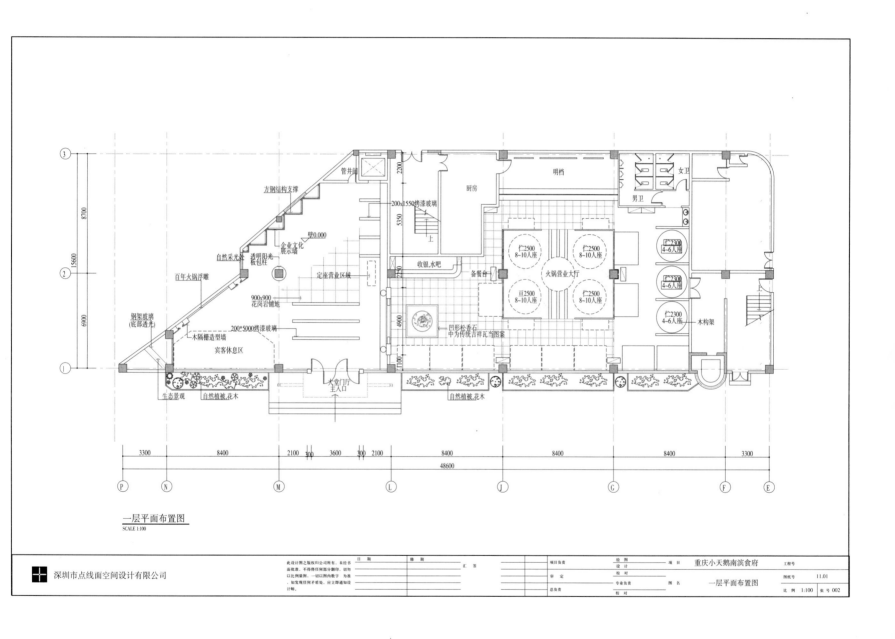

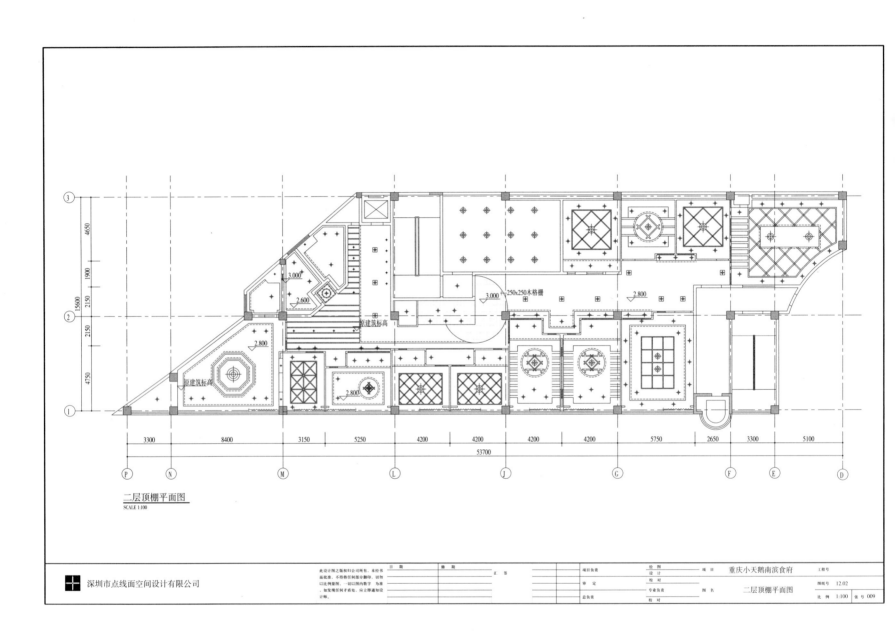

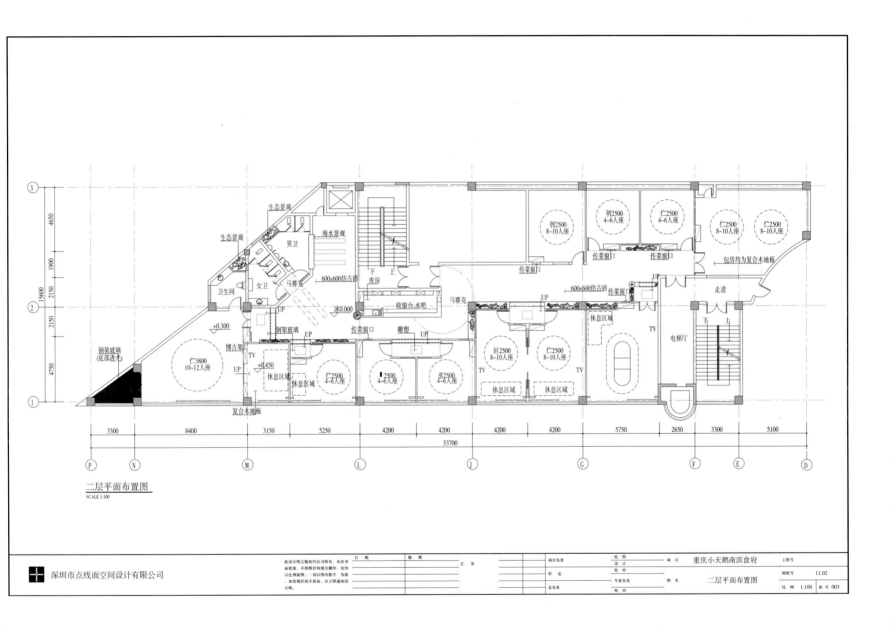

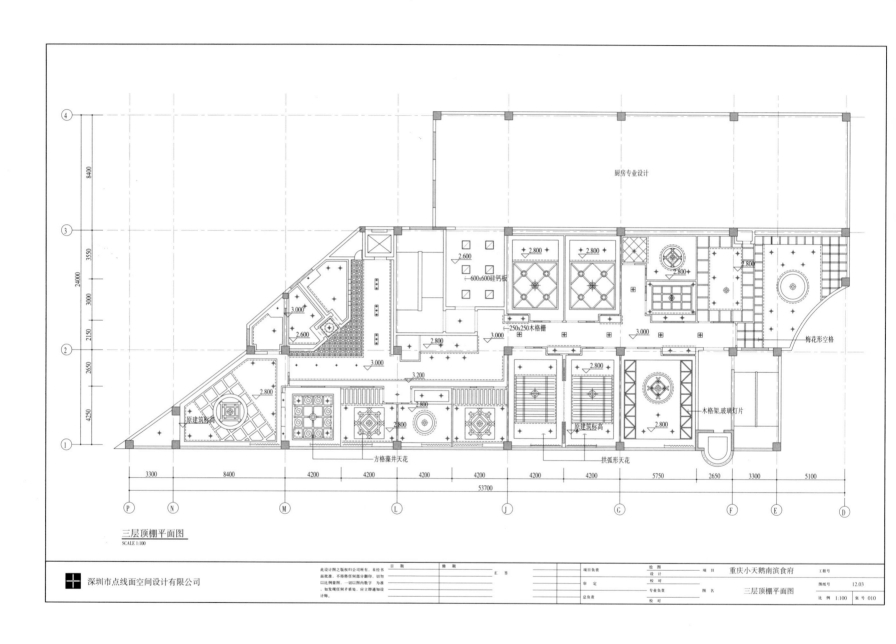

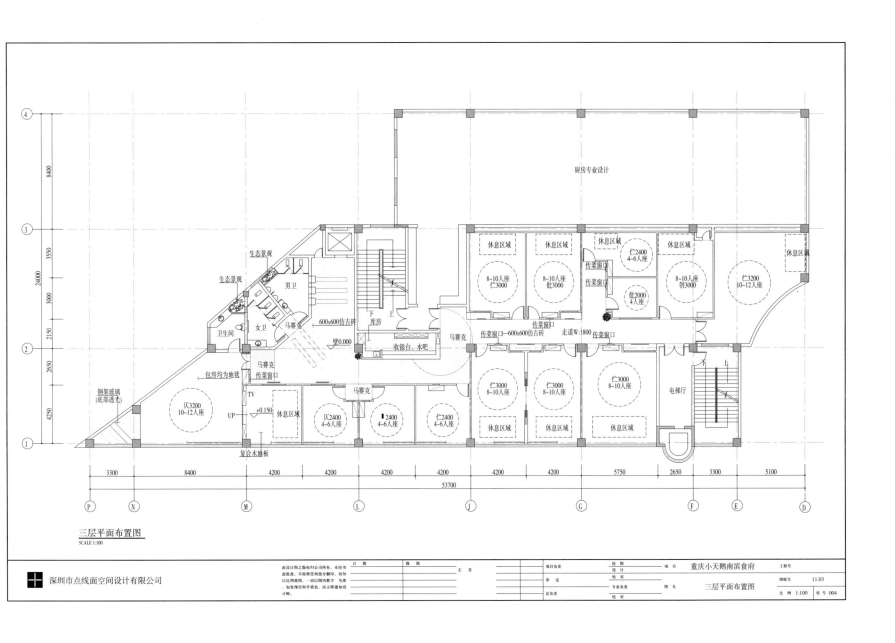

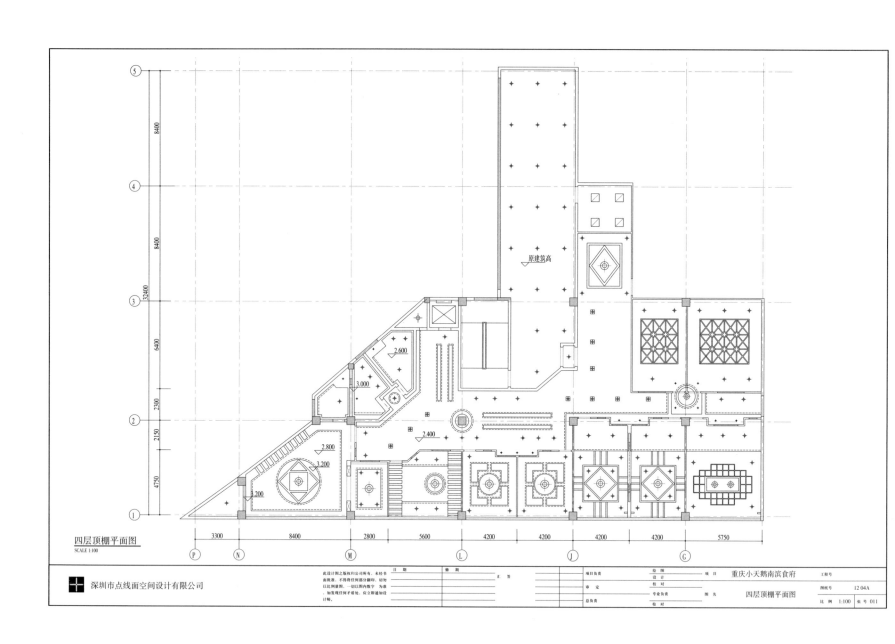

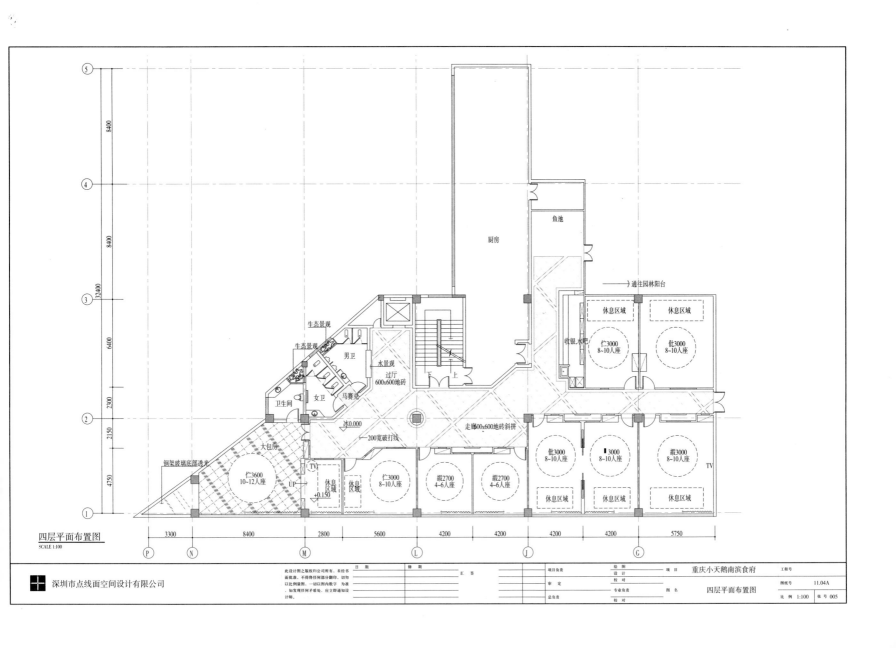

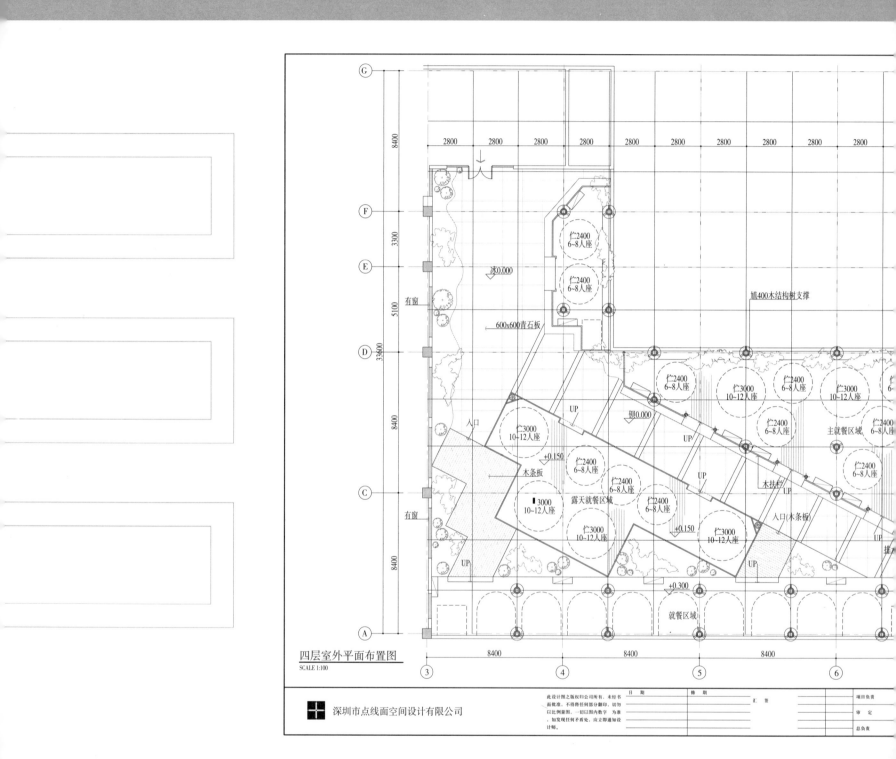

四层室外平面布置图 SCALE 1:100

重庆小天鹅集团南滨食府室内装饰工程

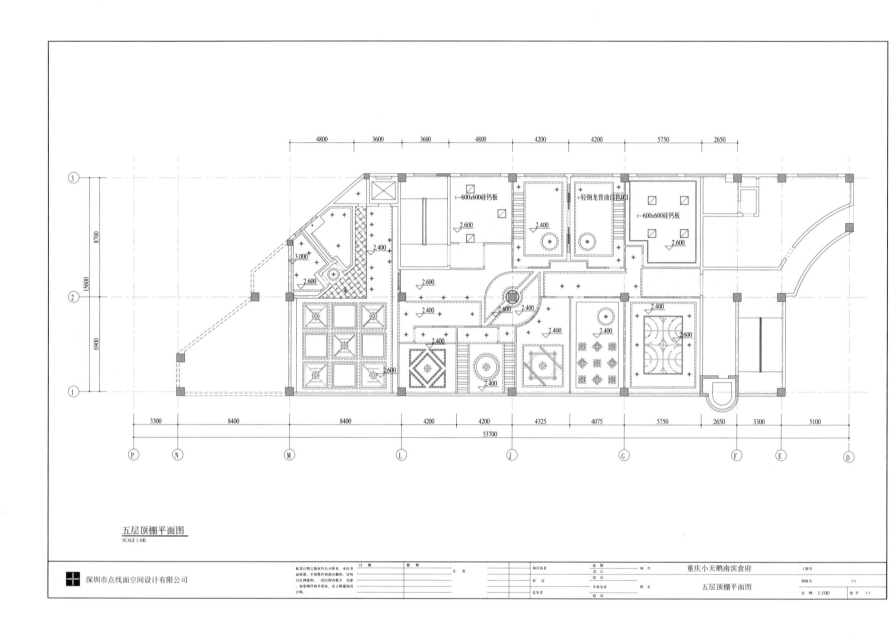

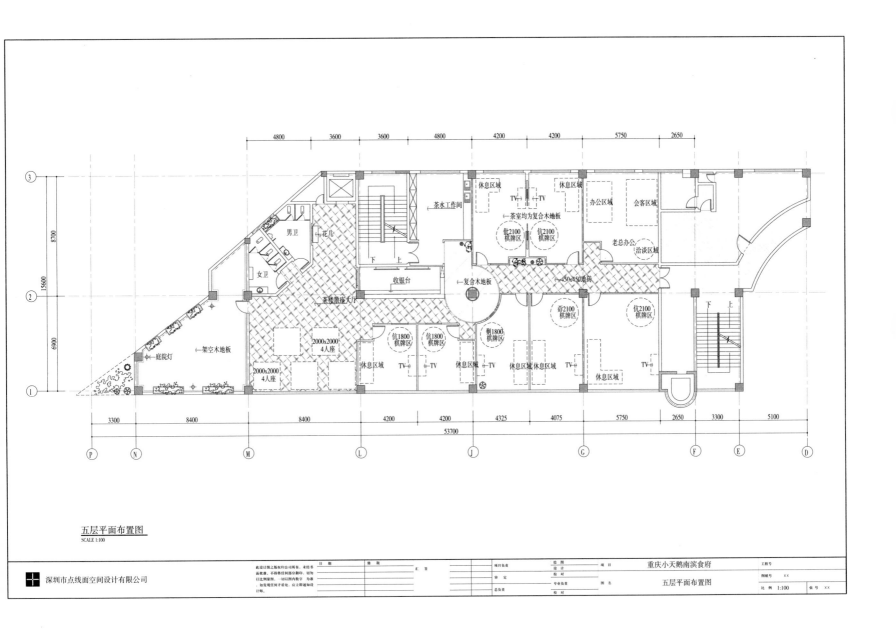

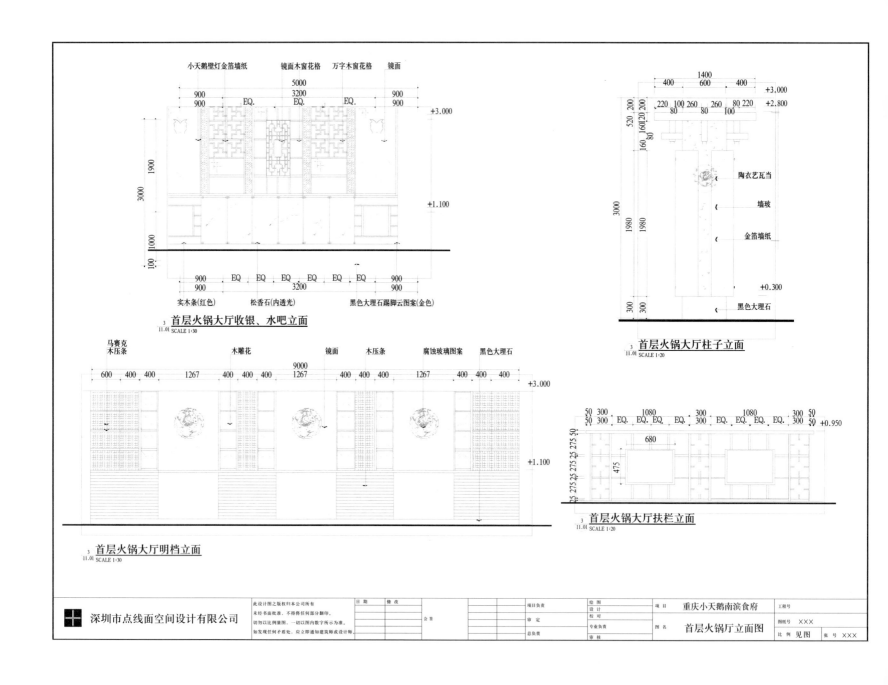

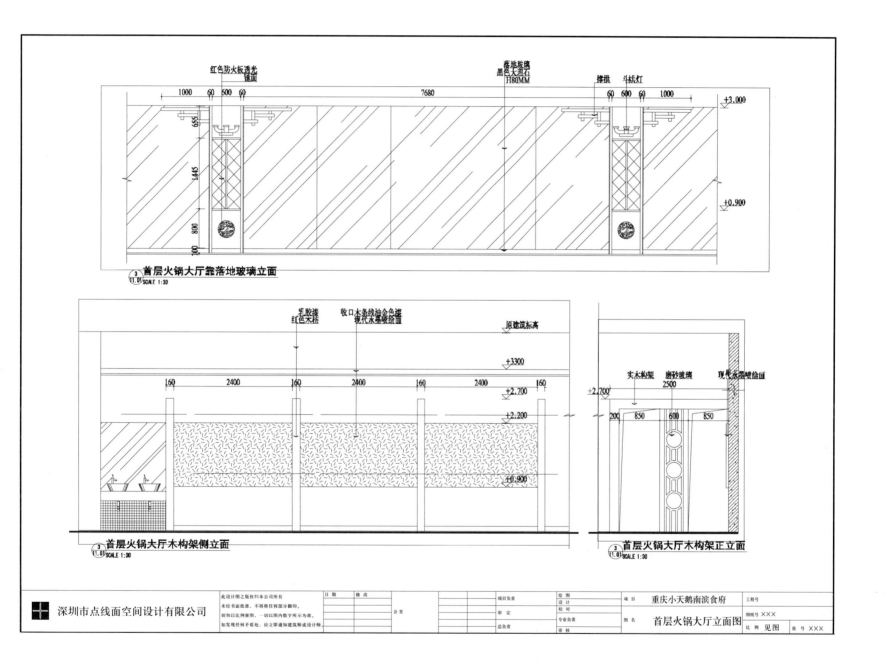

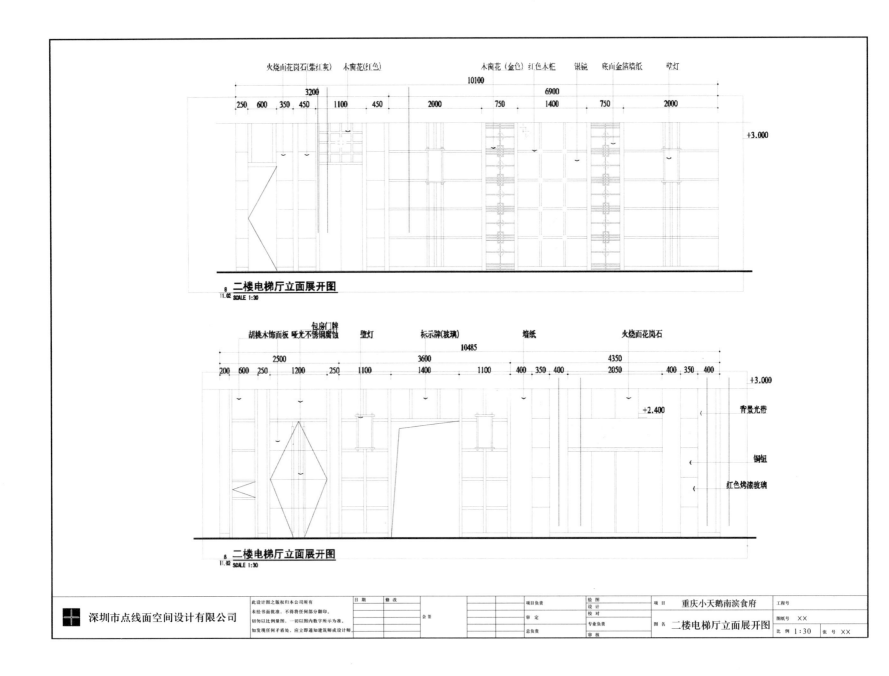

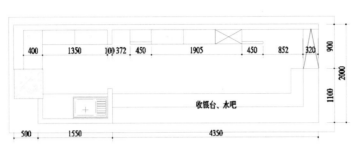

二楼收银,水吧平面图
SCALE 1:30

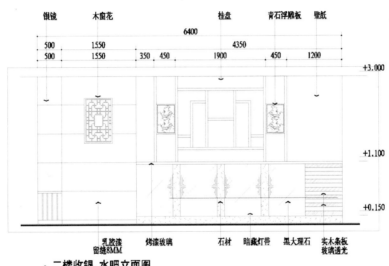

二楼收银,水吧立面图
SCALE 1:30

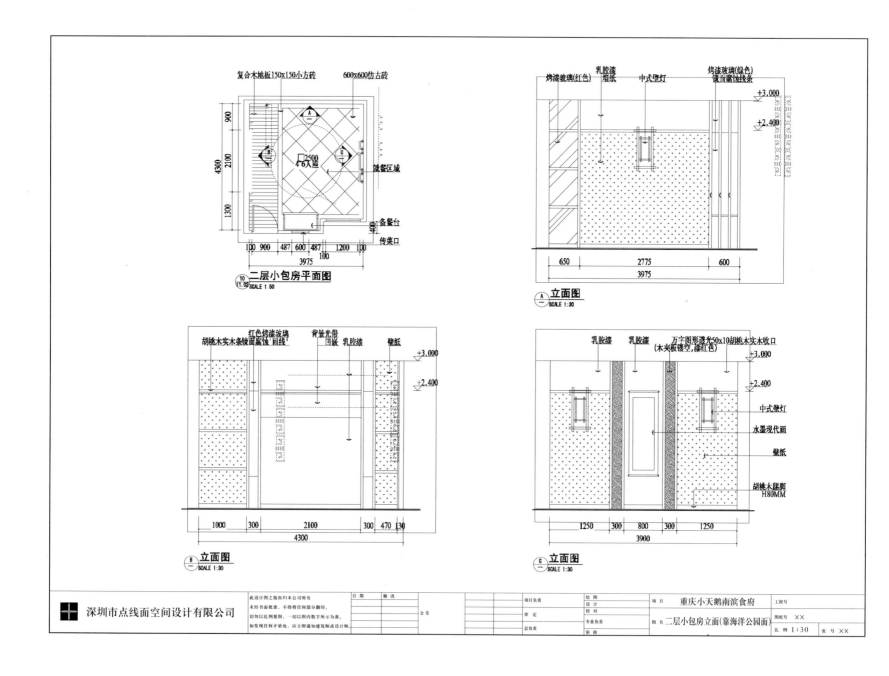

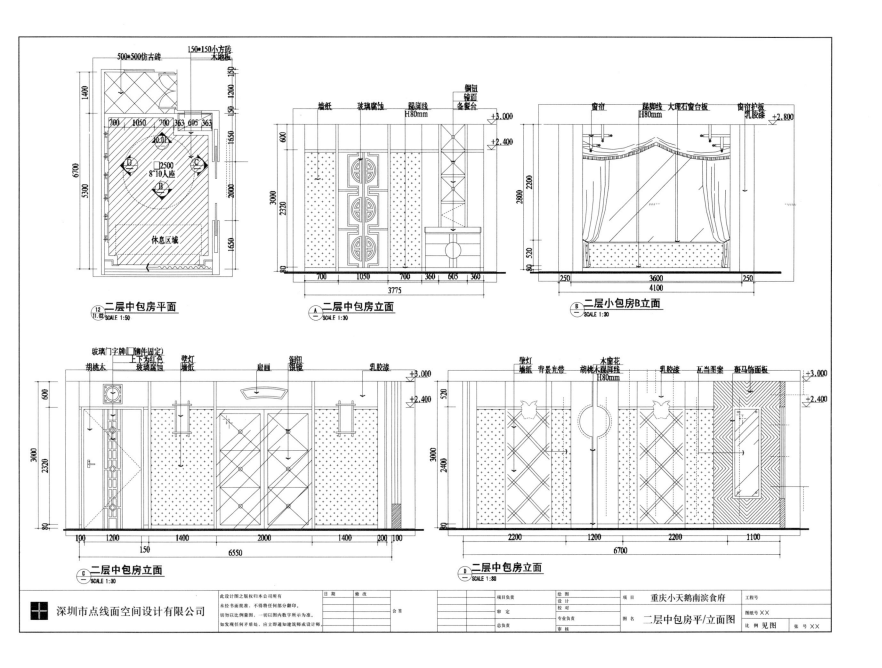

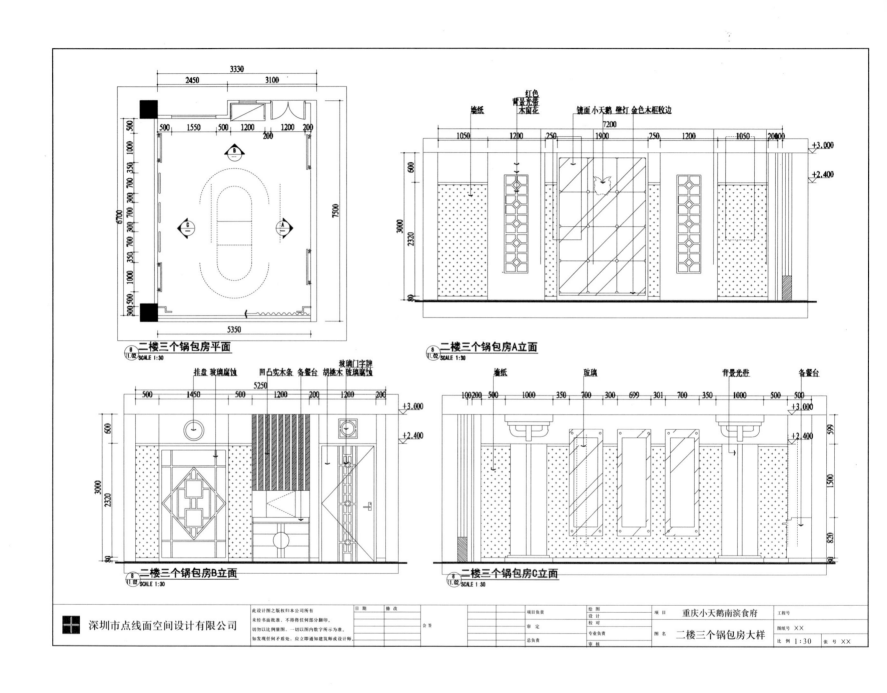

重庆小天鹅集团南滨食府室内装饰工程

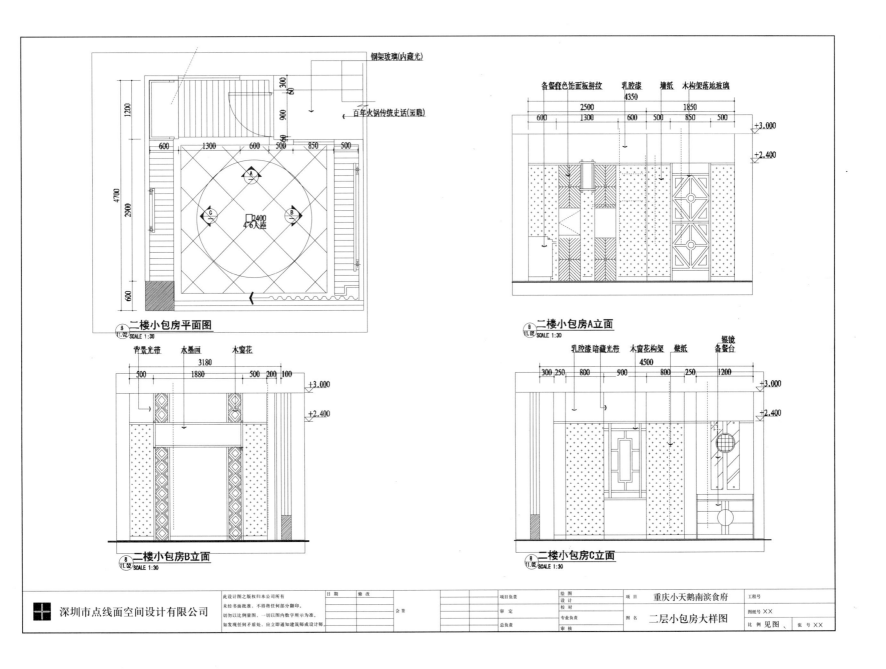

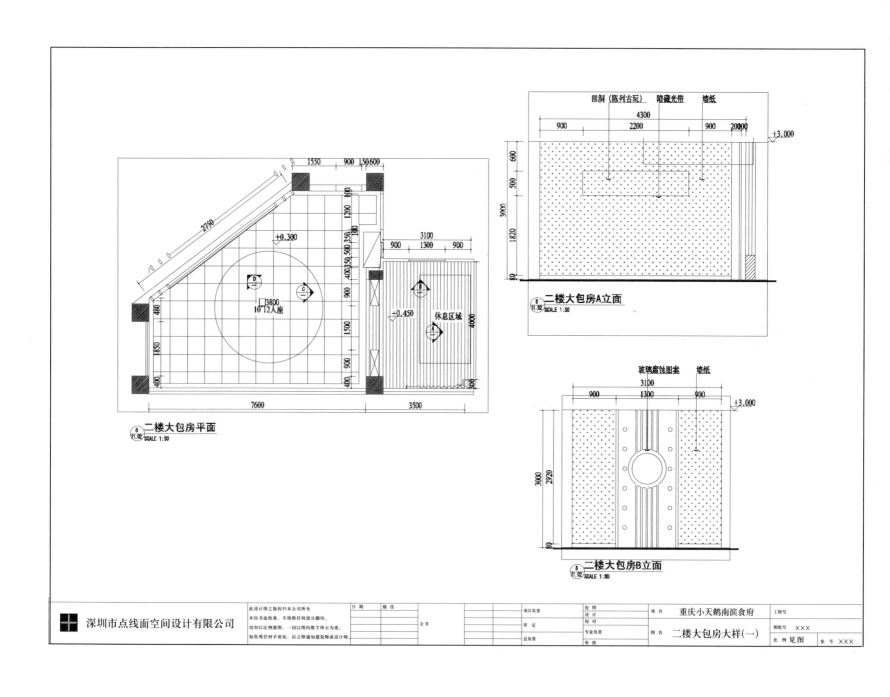

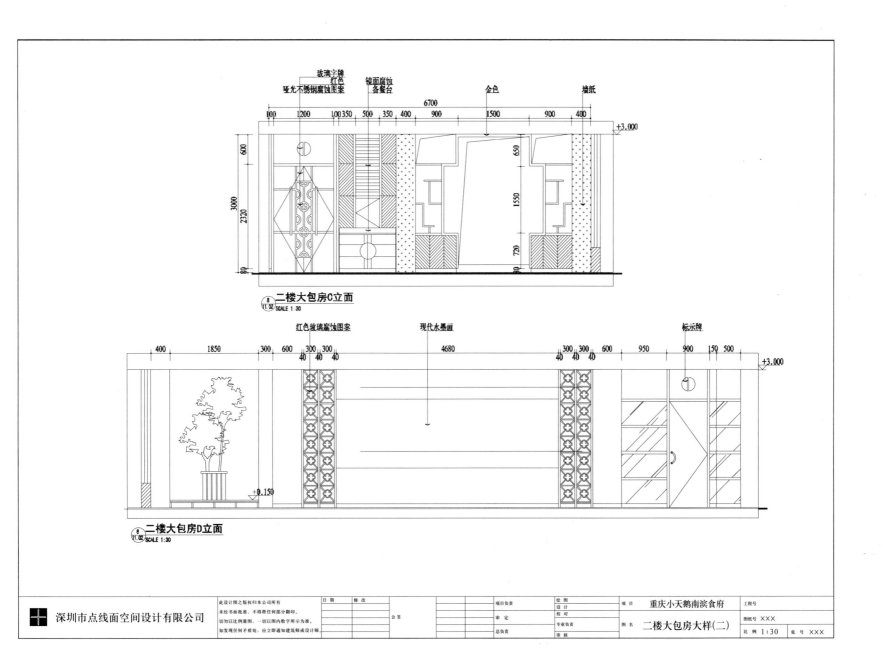

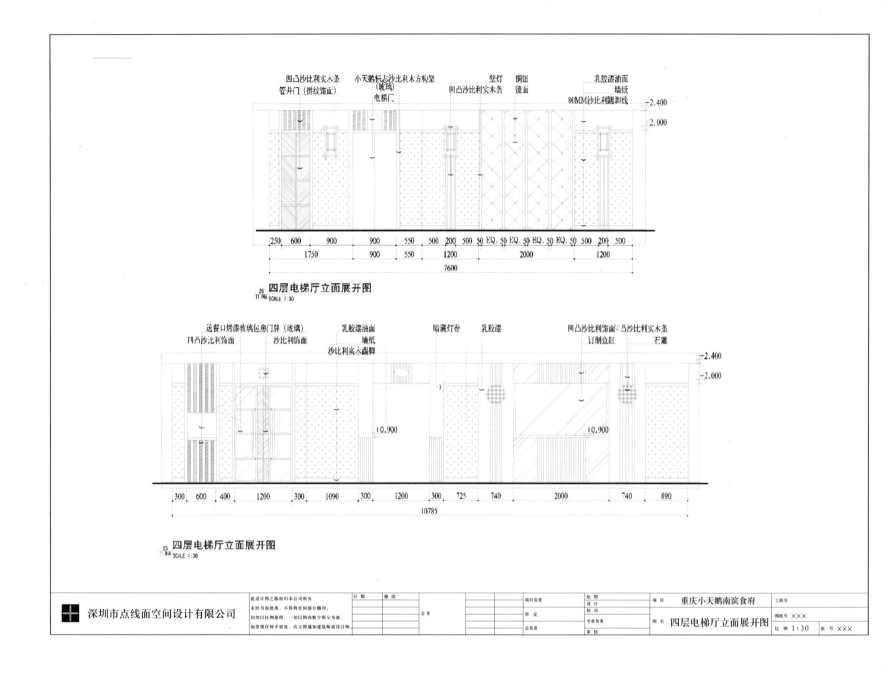

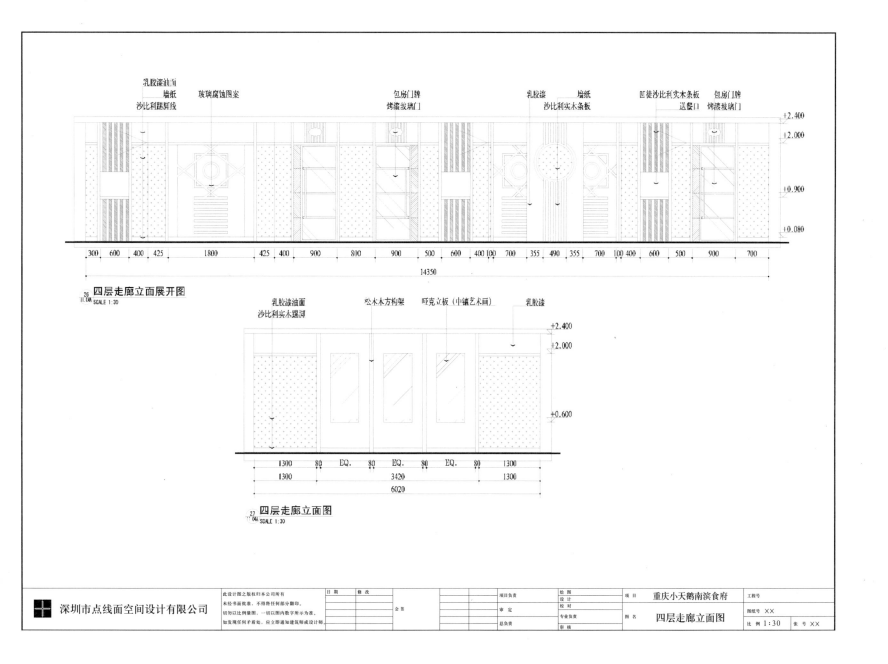

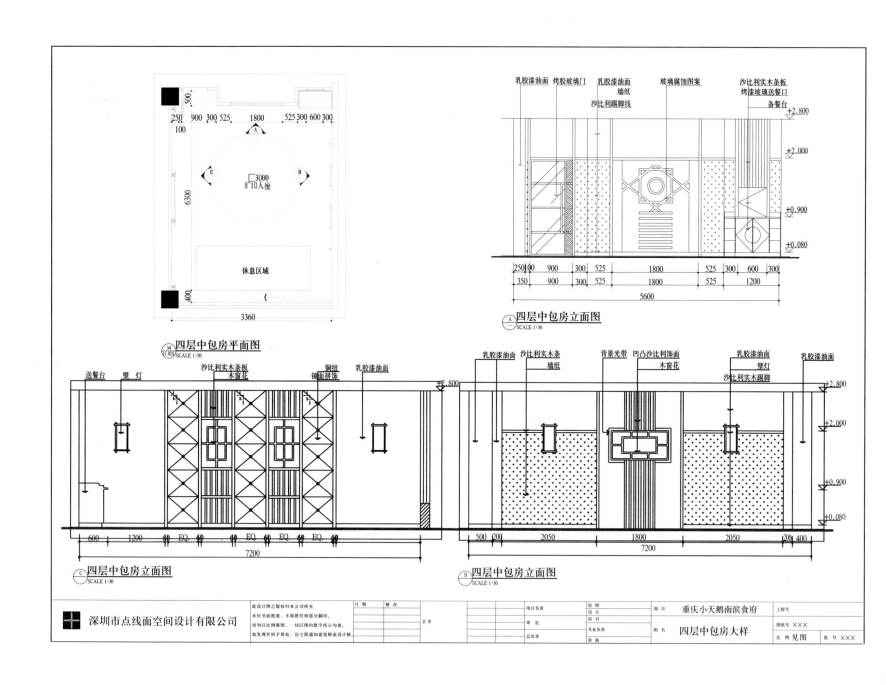

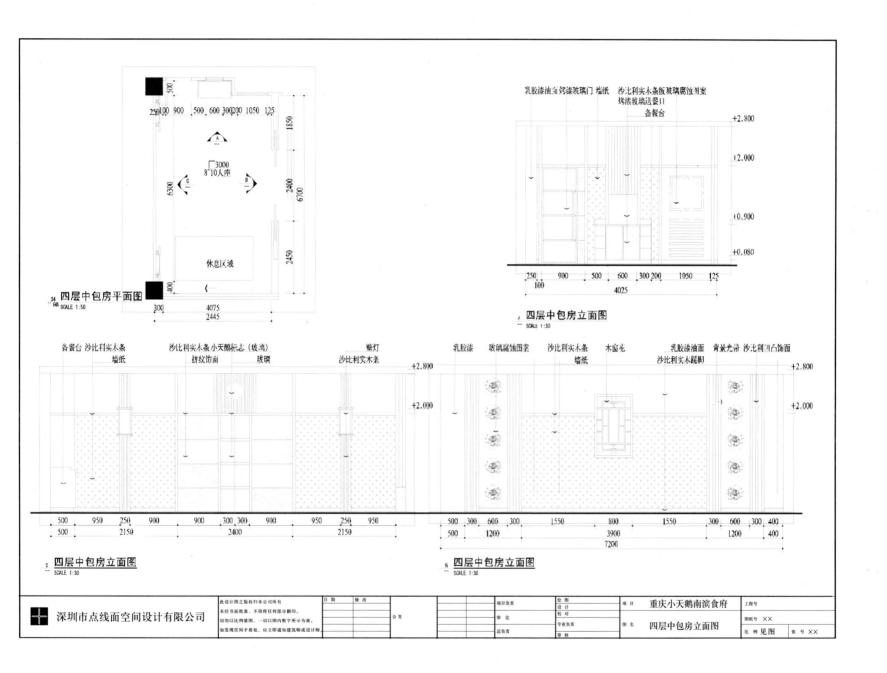

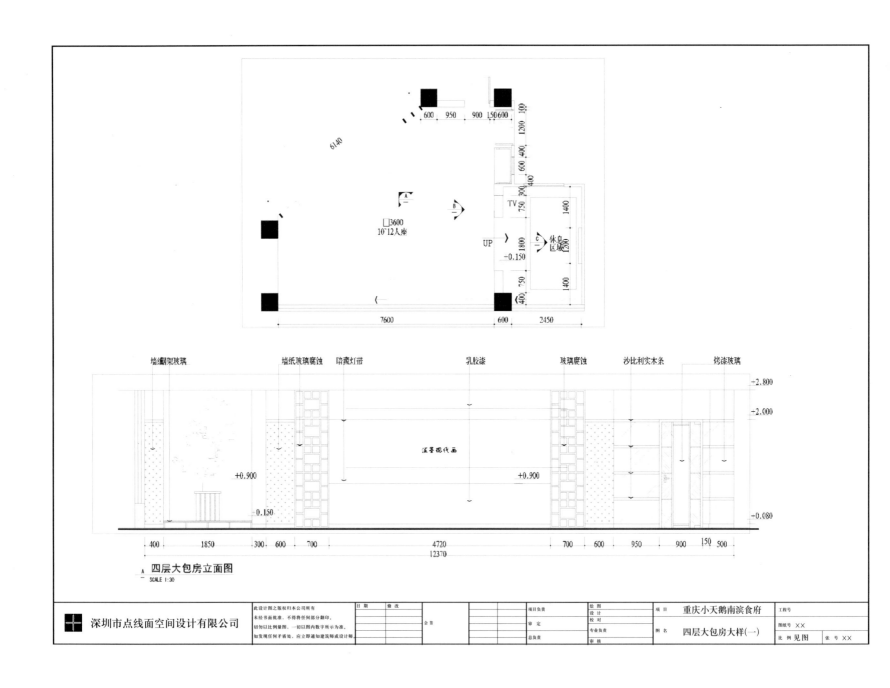

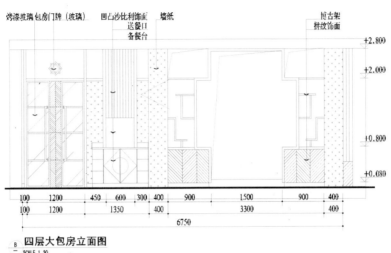

B 四层大包房立面图
SCALE 1:30

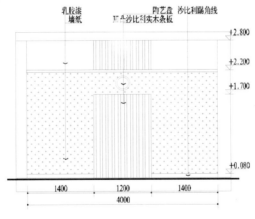

C 四层大包房立面图
SCALE 1:30

西安地税大厦平面设计方案

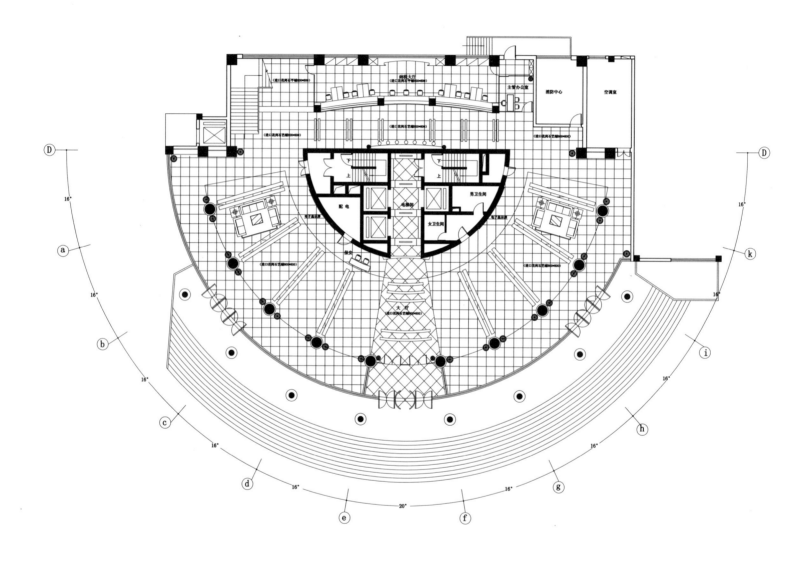

首层平面布置图

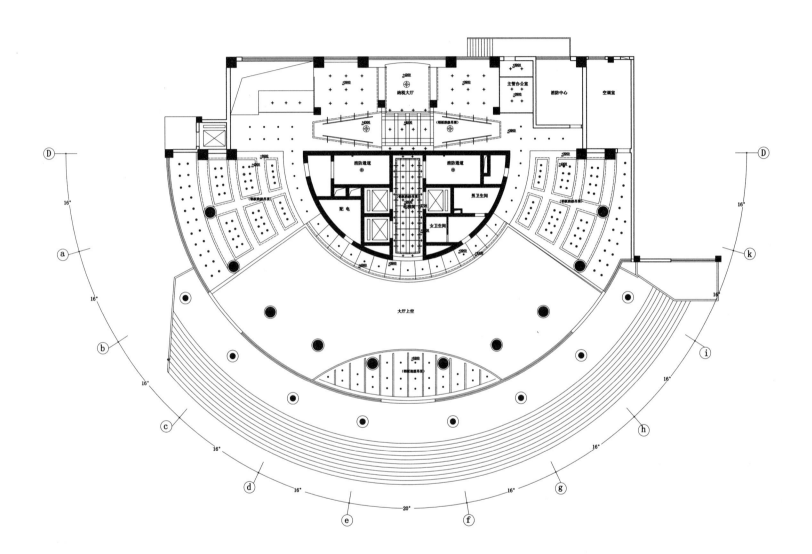

首层顶棚平面图

西安地税大厦平面设计方案

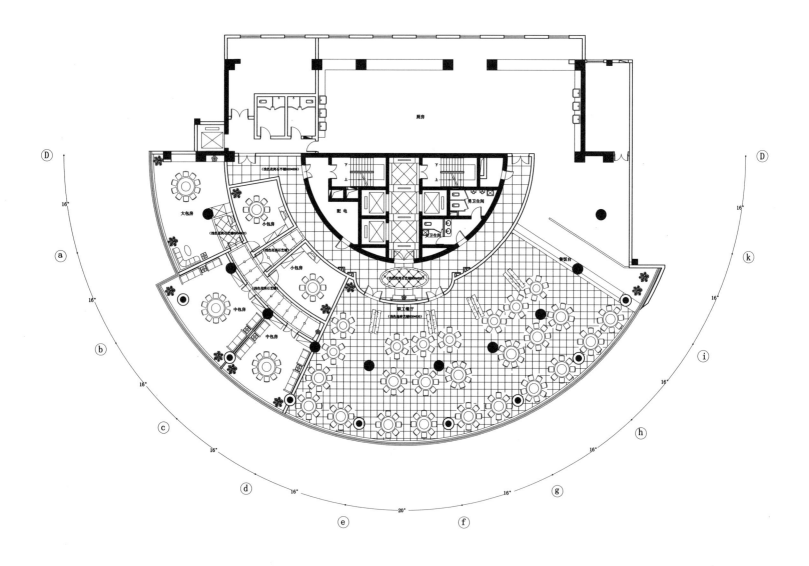

三层平面布置图

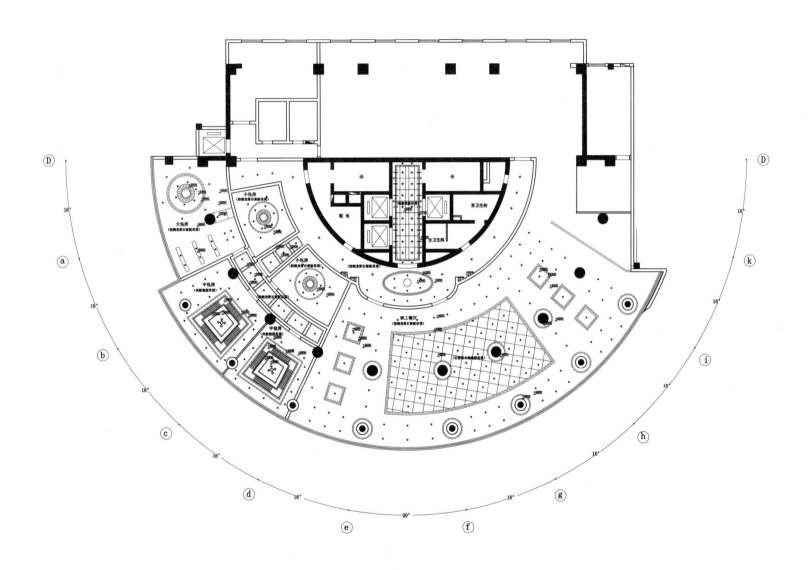

三层顶棚平面图

西安地税大厦平面设计方案

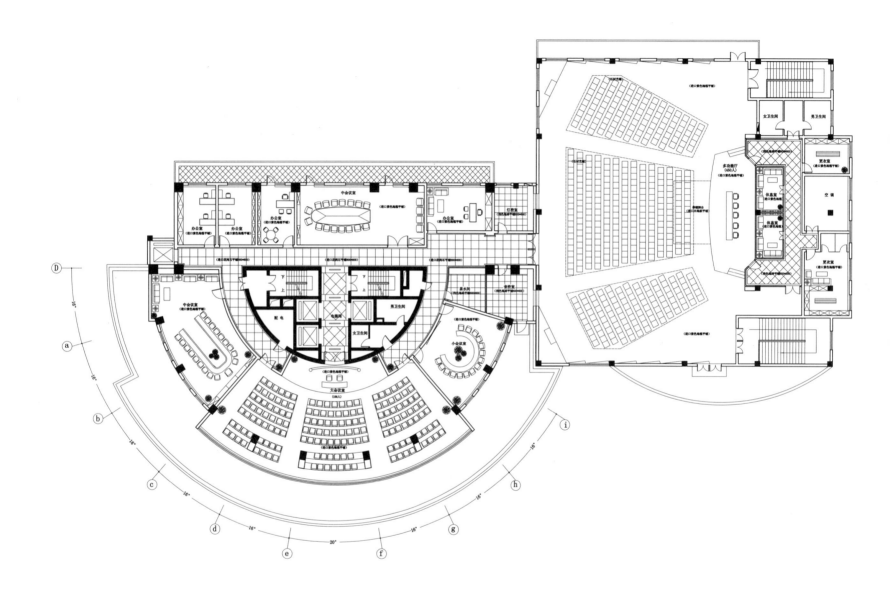

四层平面布置图

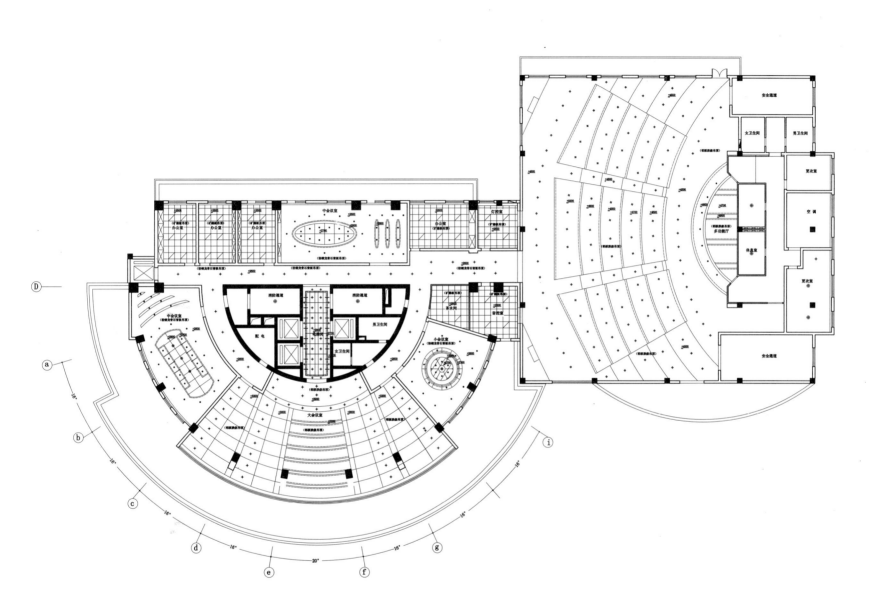

四层顶棚平面图

西安地税大厦平面设计方案

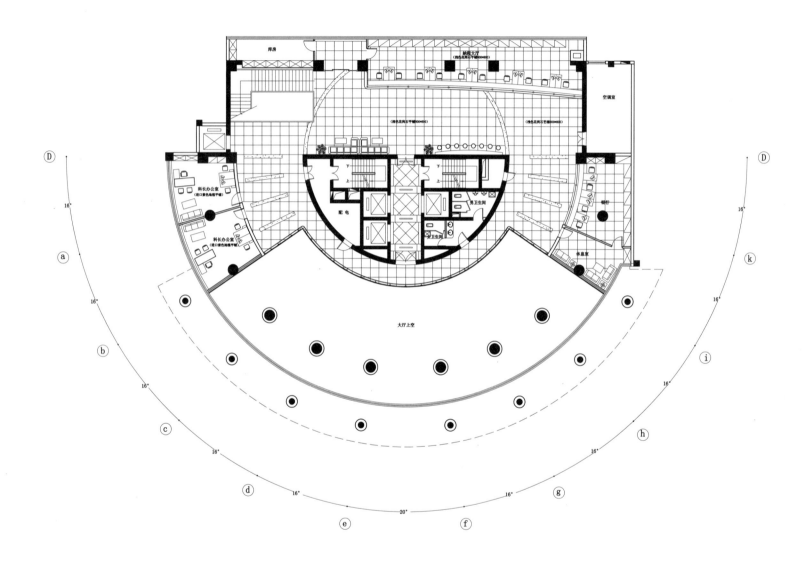

二层平面布置图

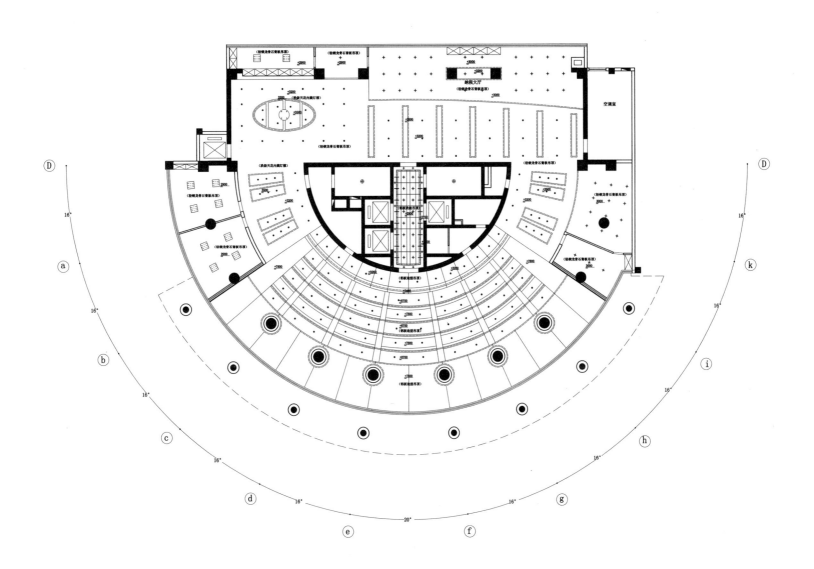

二层顶棚平面图

新疆公安厅消防局

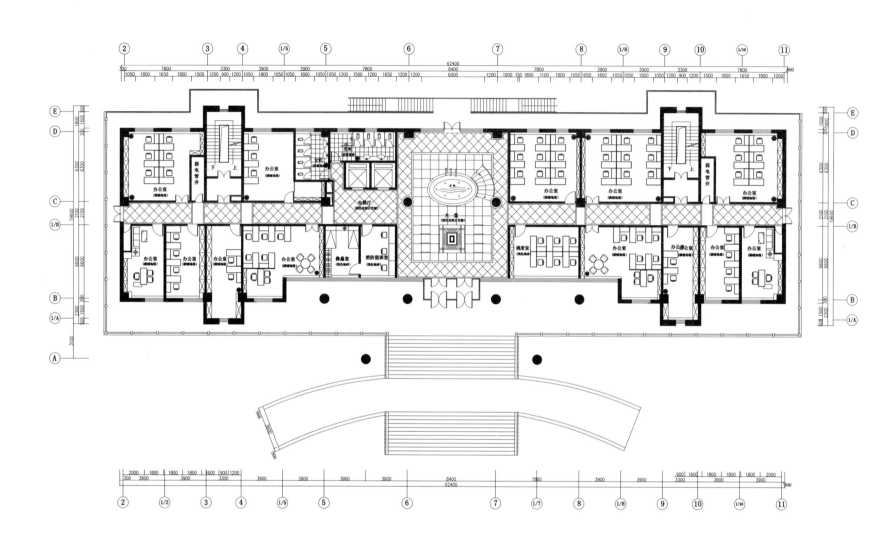

二层平面布置图

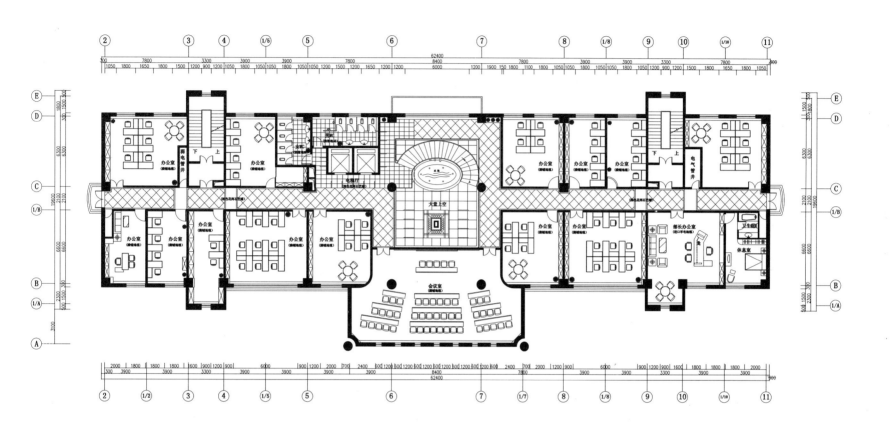

三层平面布置图

新疆公安厅消防局

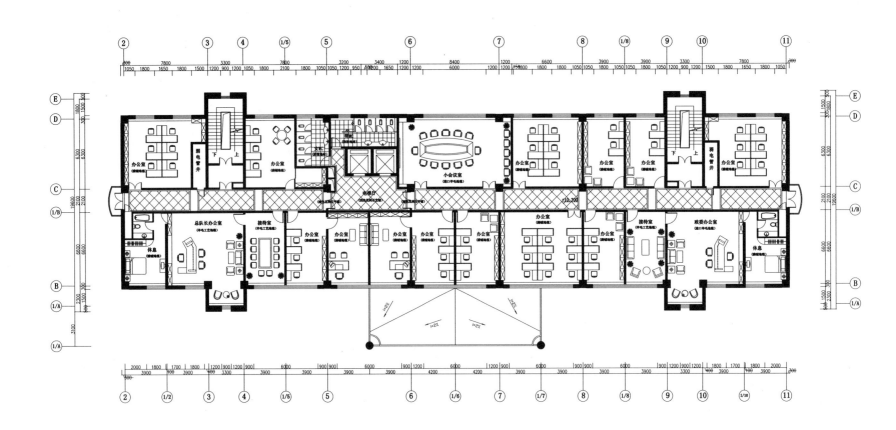

四层平面布置图

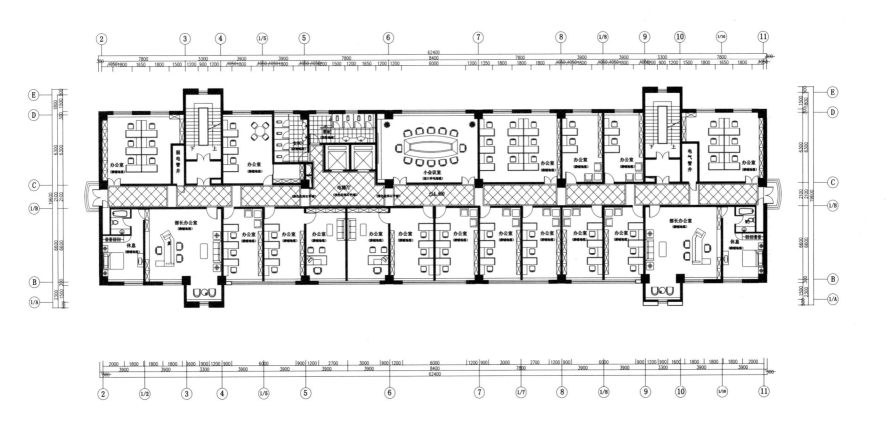

五层平面布置图

新疆公安厅消防局

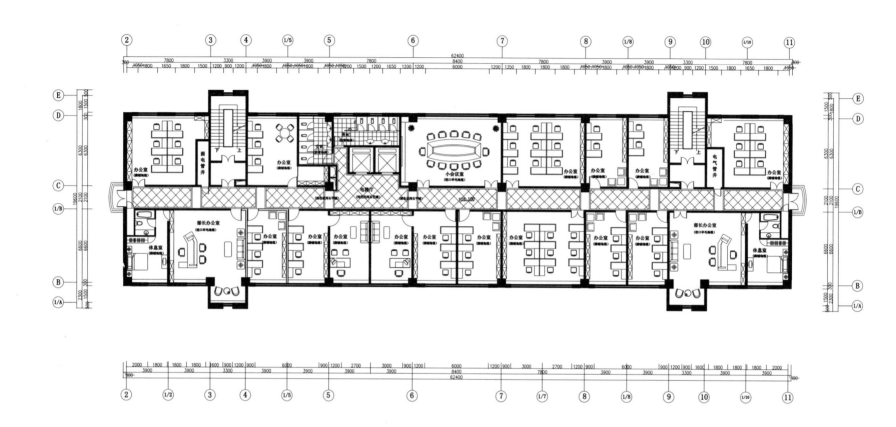

六层平面布置图

Dot-Line-Plane

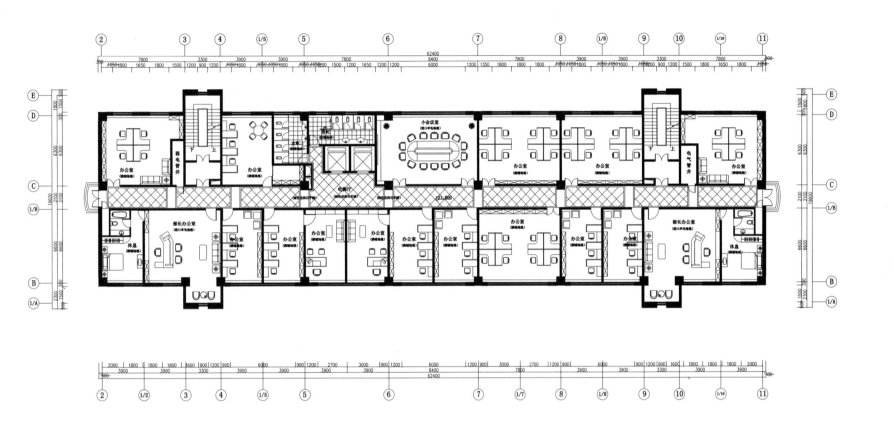

七层平面布置图

新疆公安厅消防局

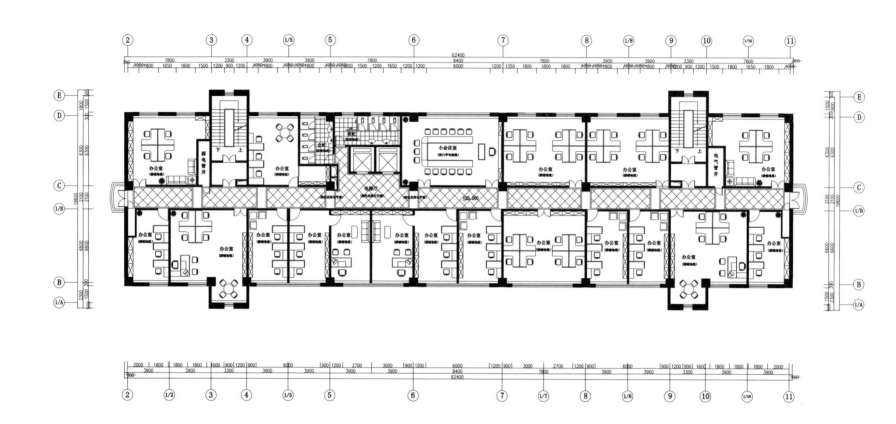

八层平面布置图

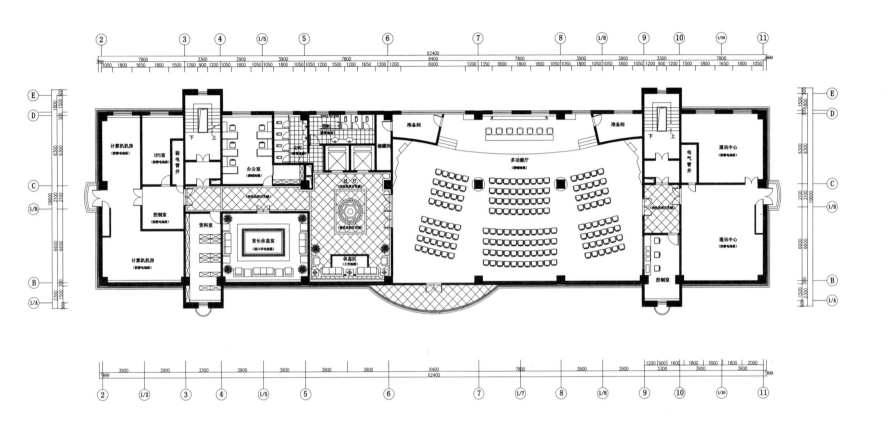

九层平面布置图

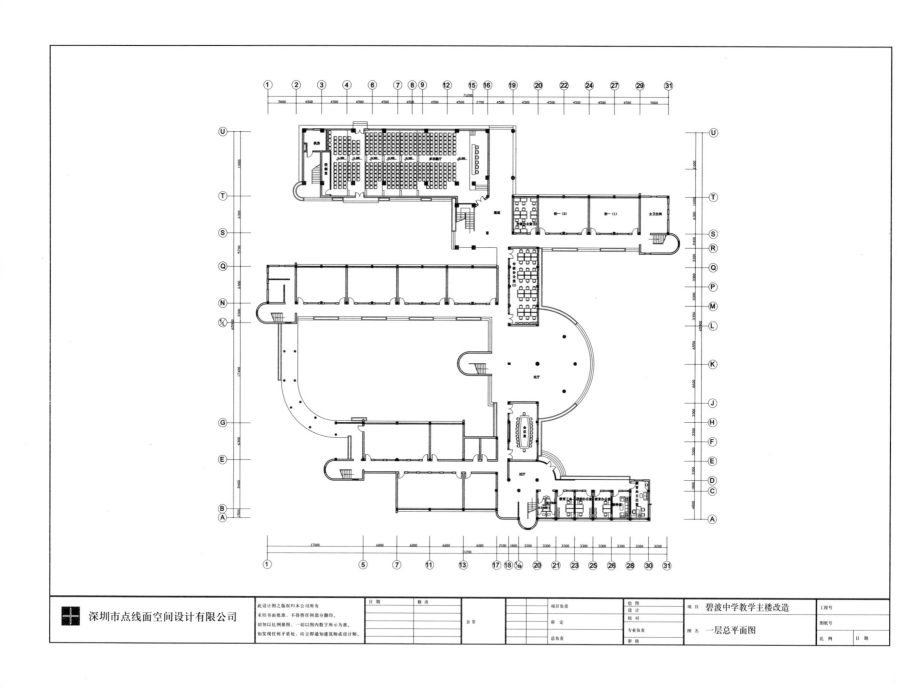

深圳碧波中学教学楼改造装饰工程

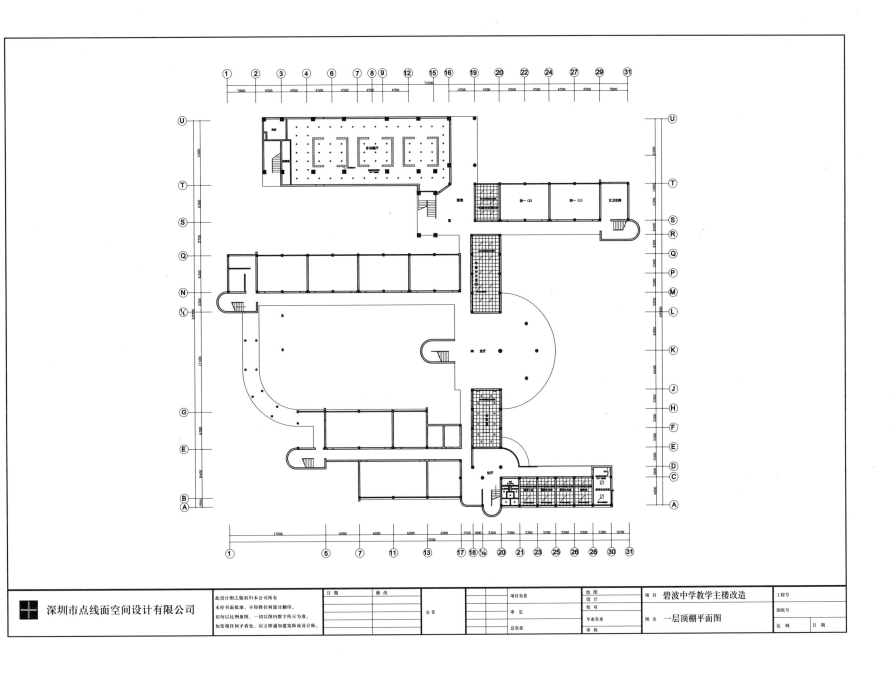

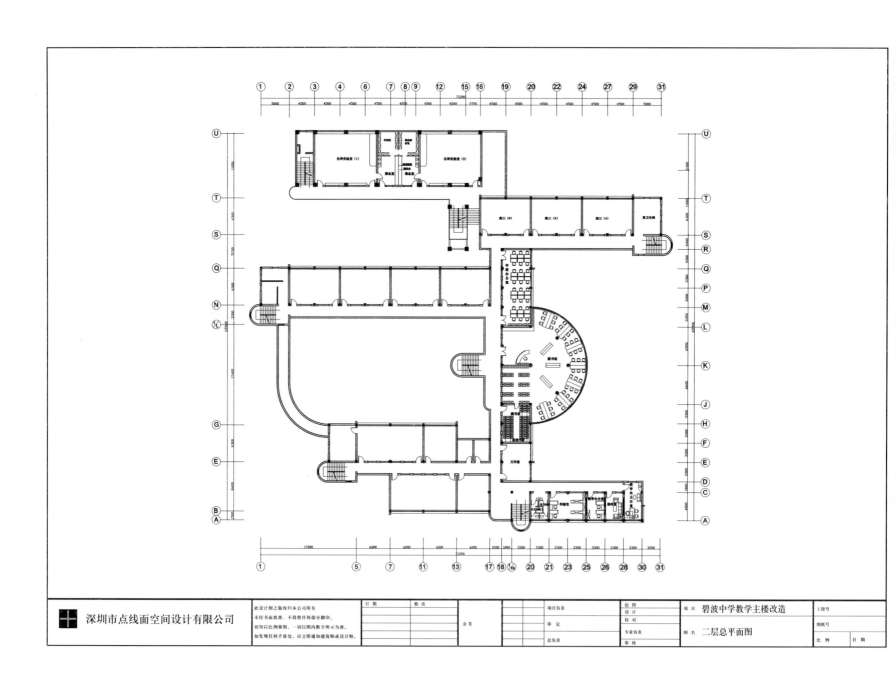

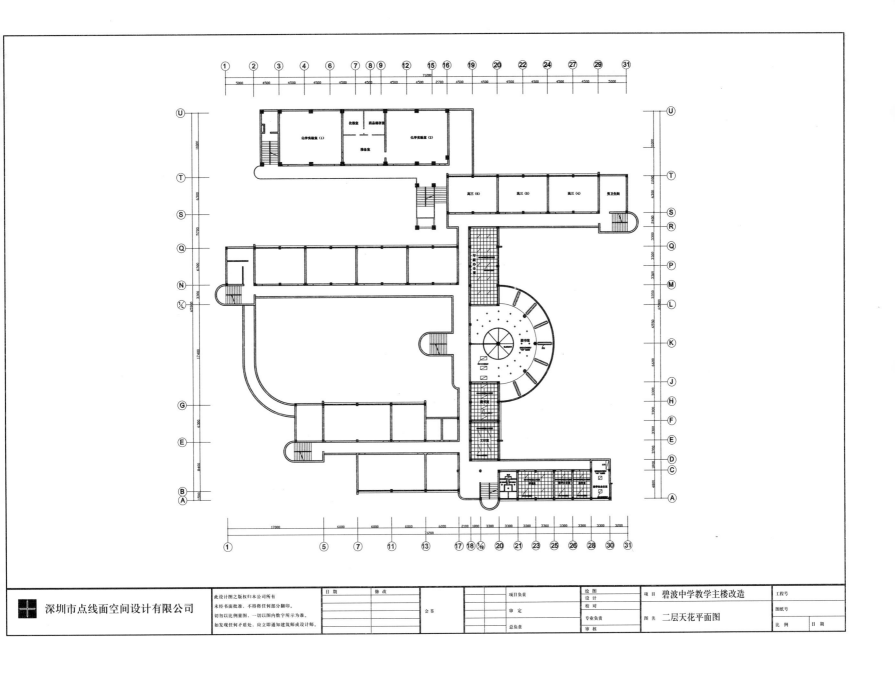

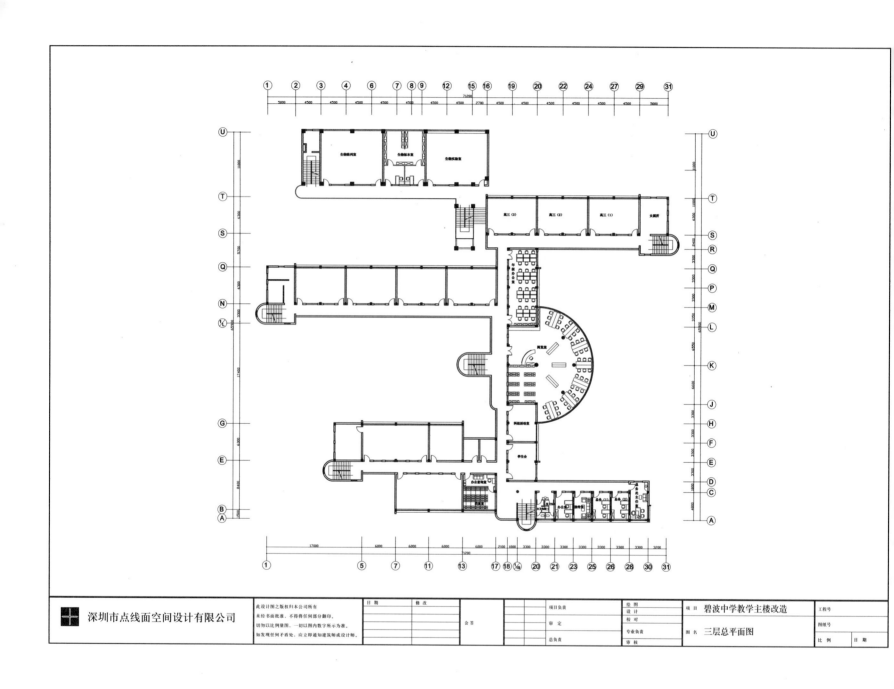

深圳碧波中学教学楼改造装饰工程

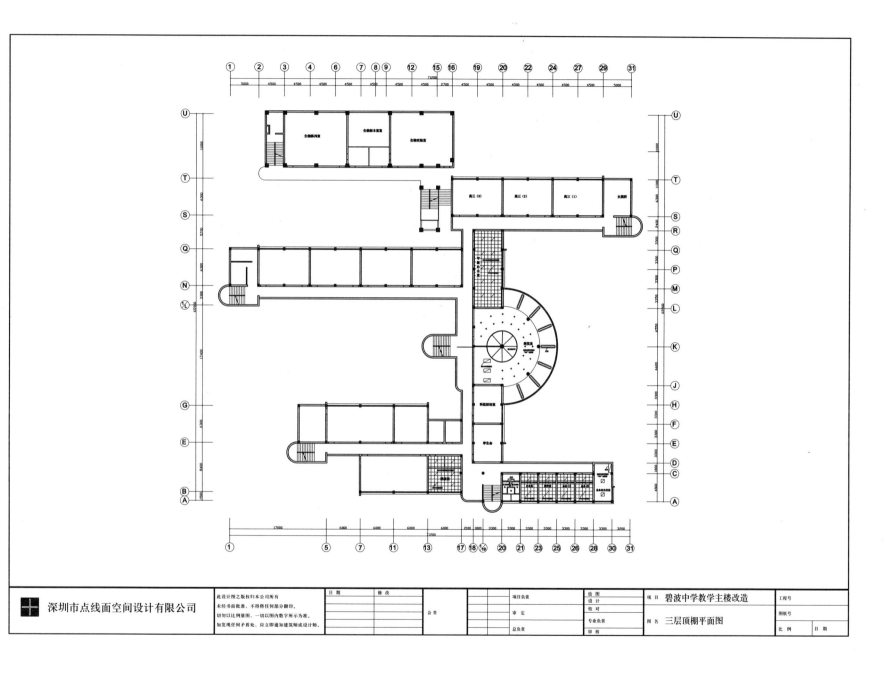

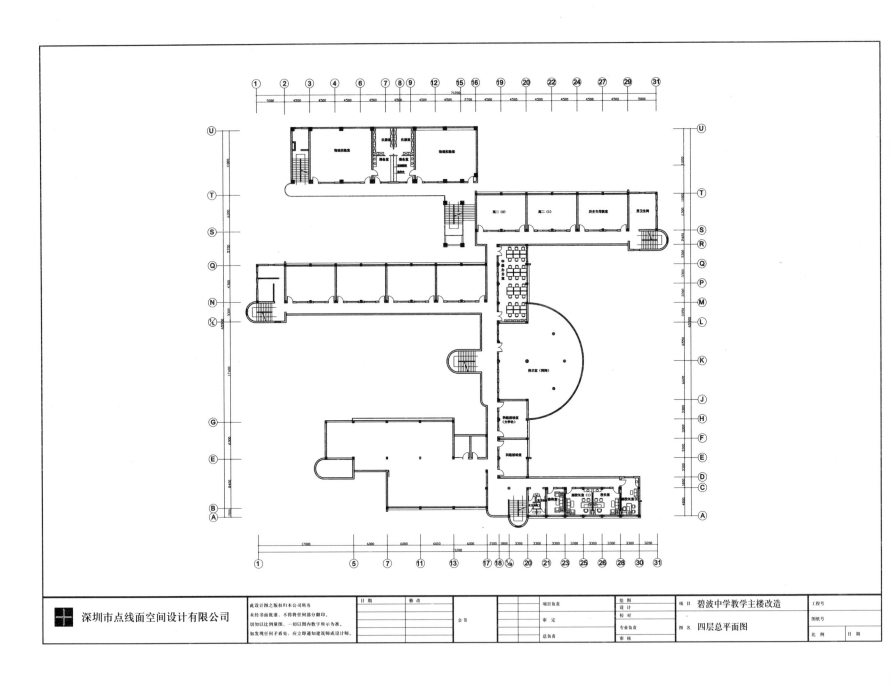

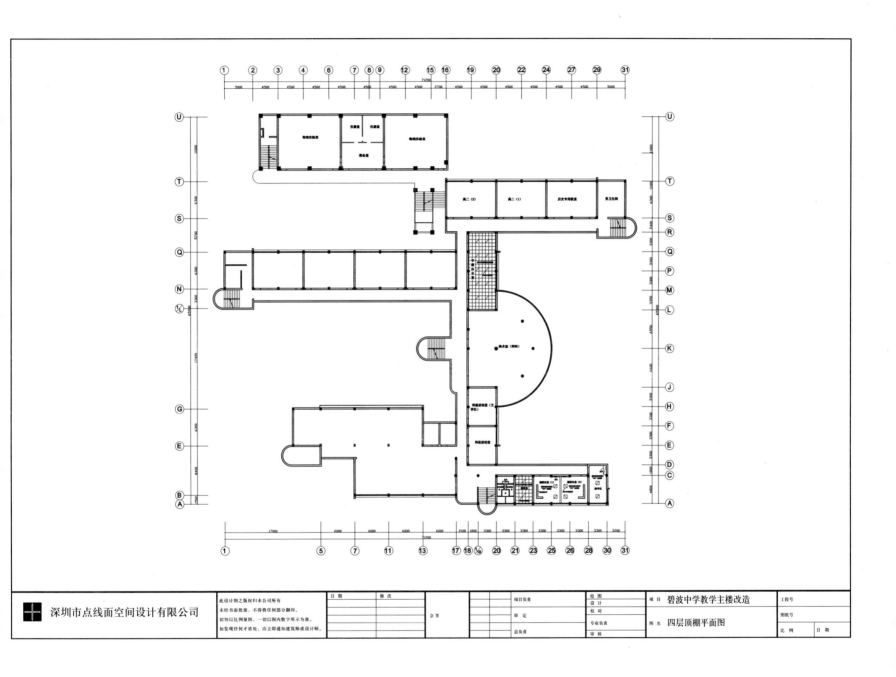

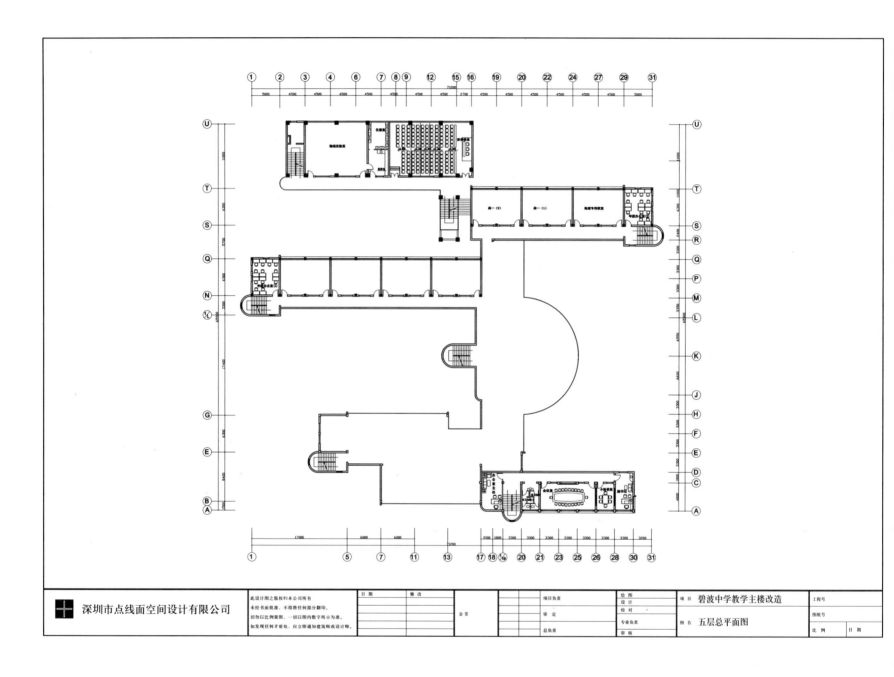

深圳碧波中学教学楼改造装饰工程

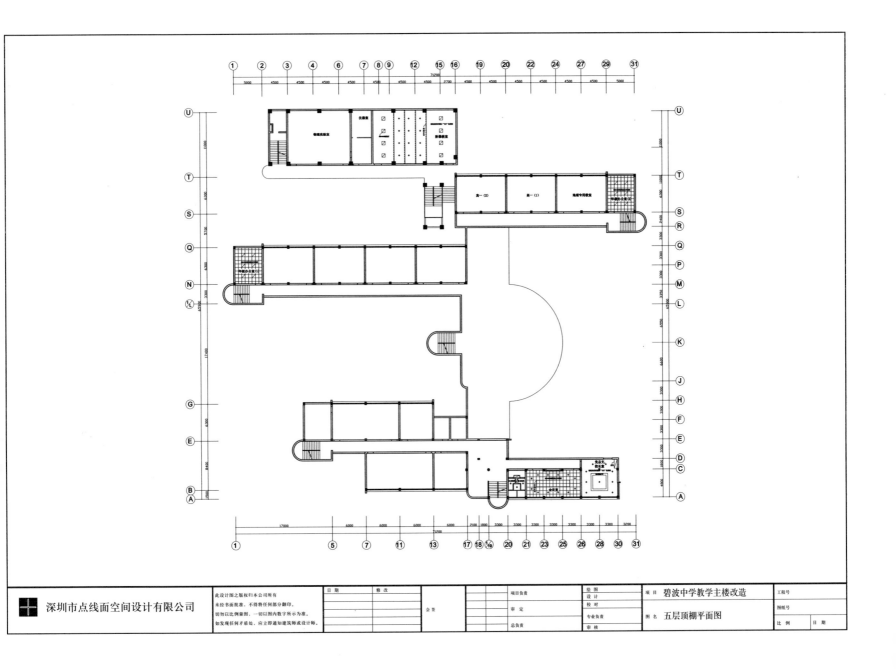

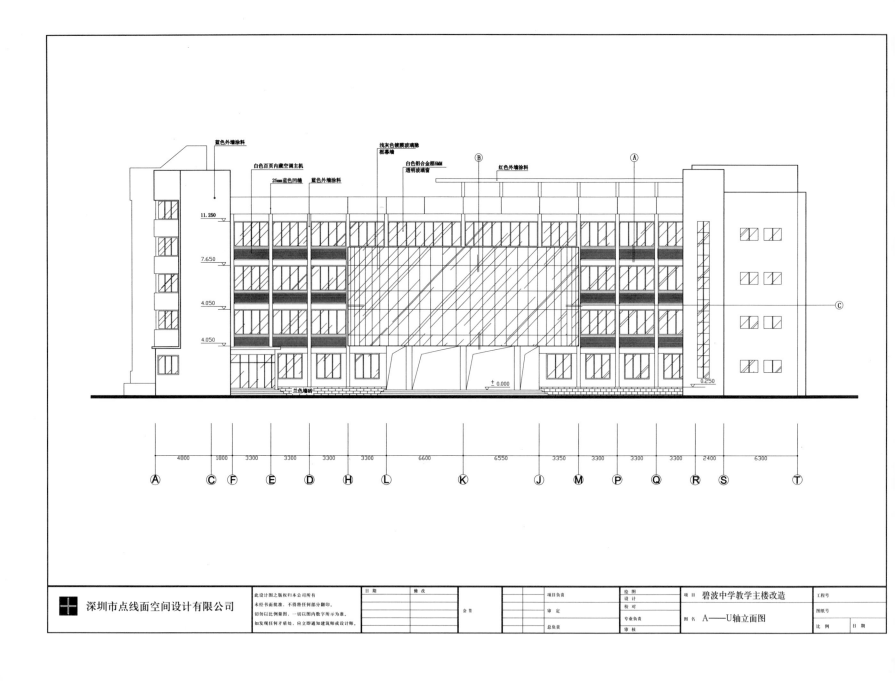

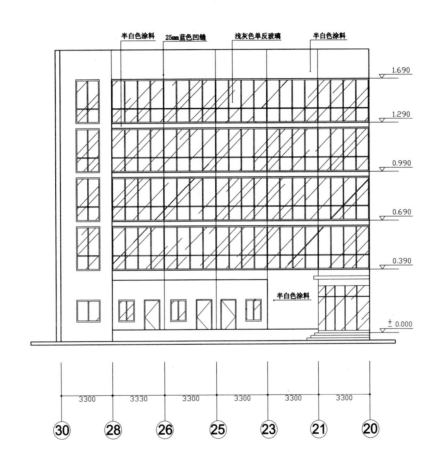

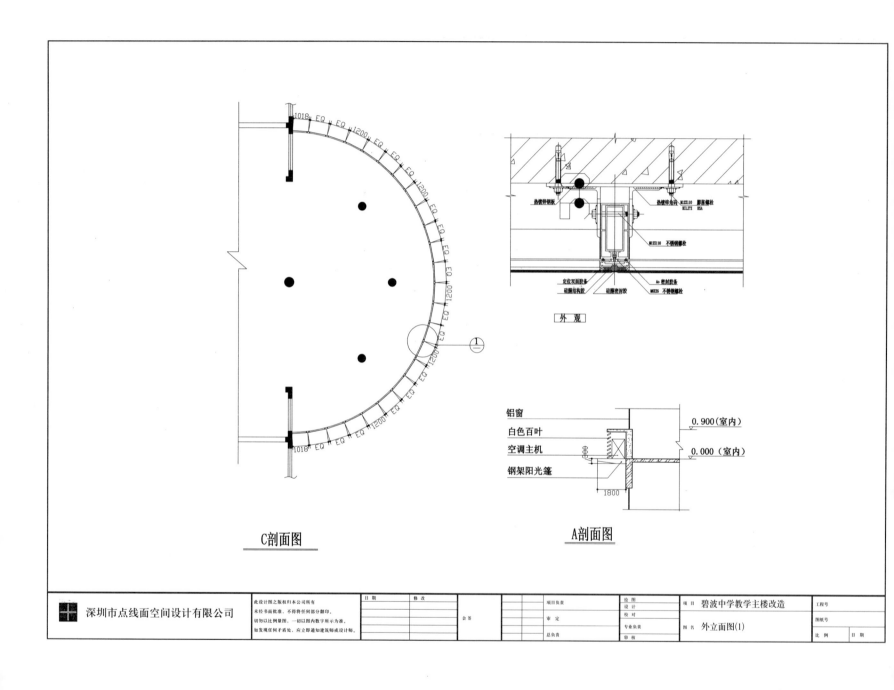

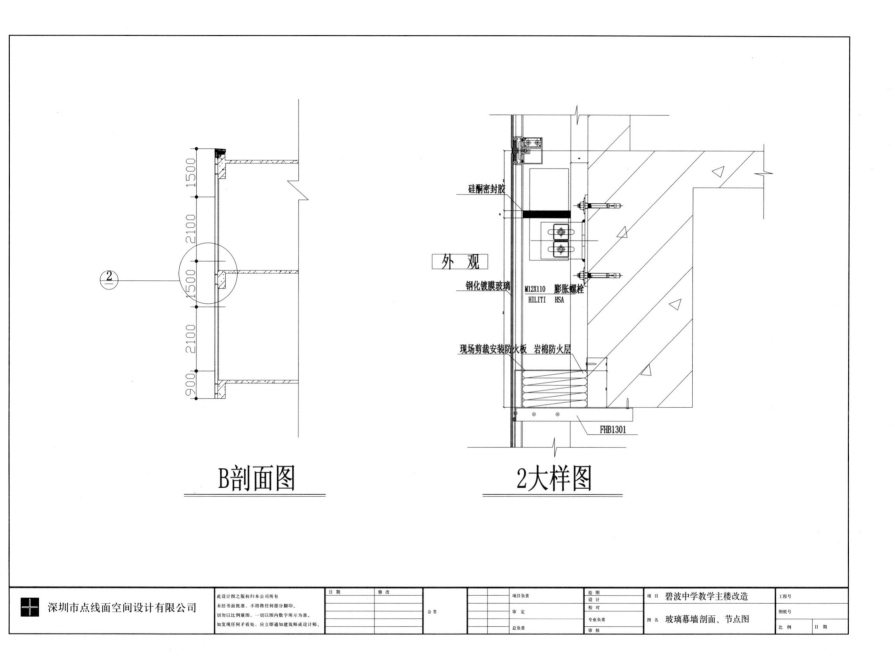

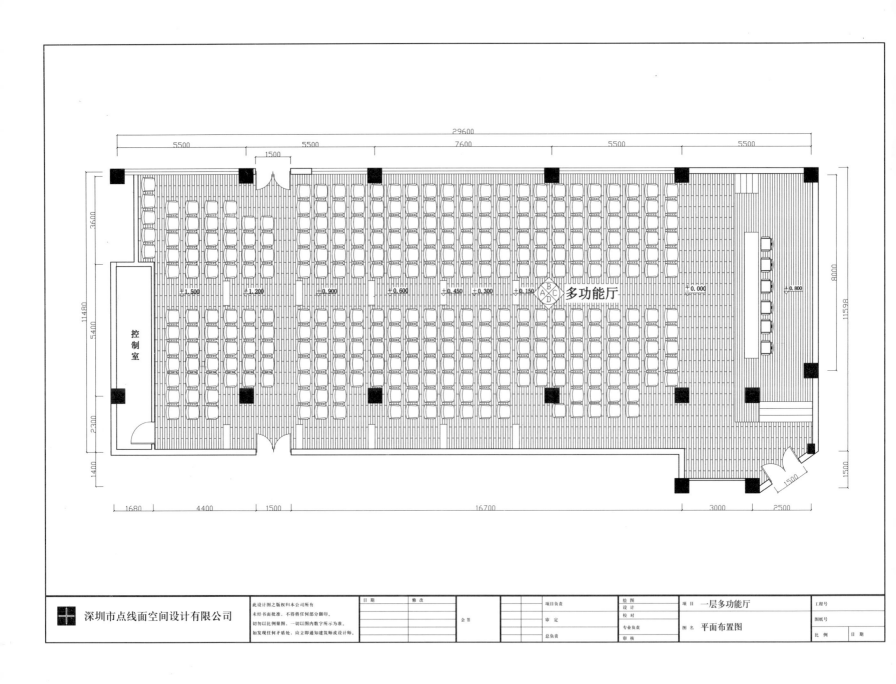

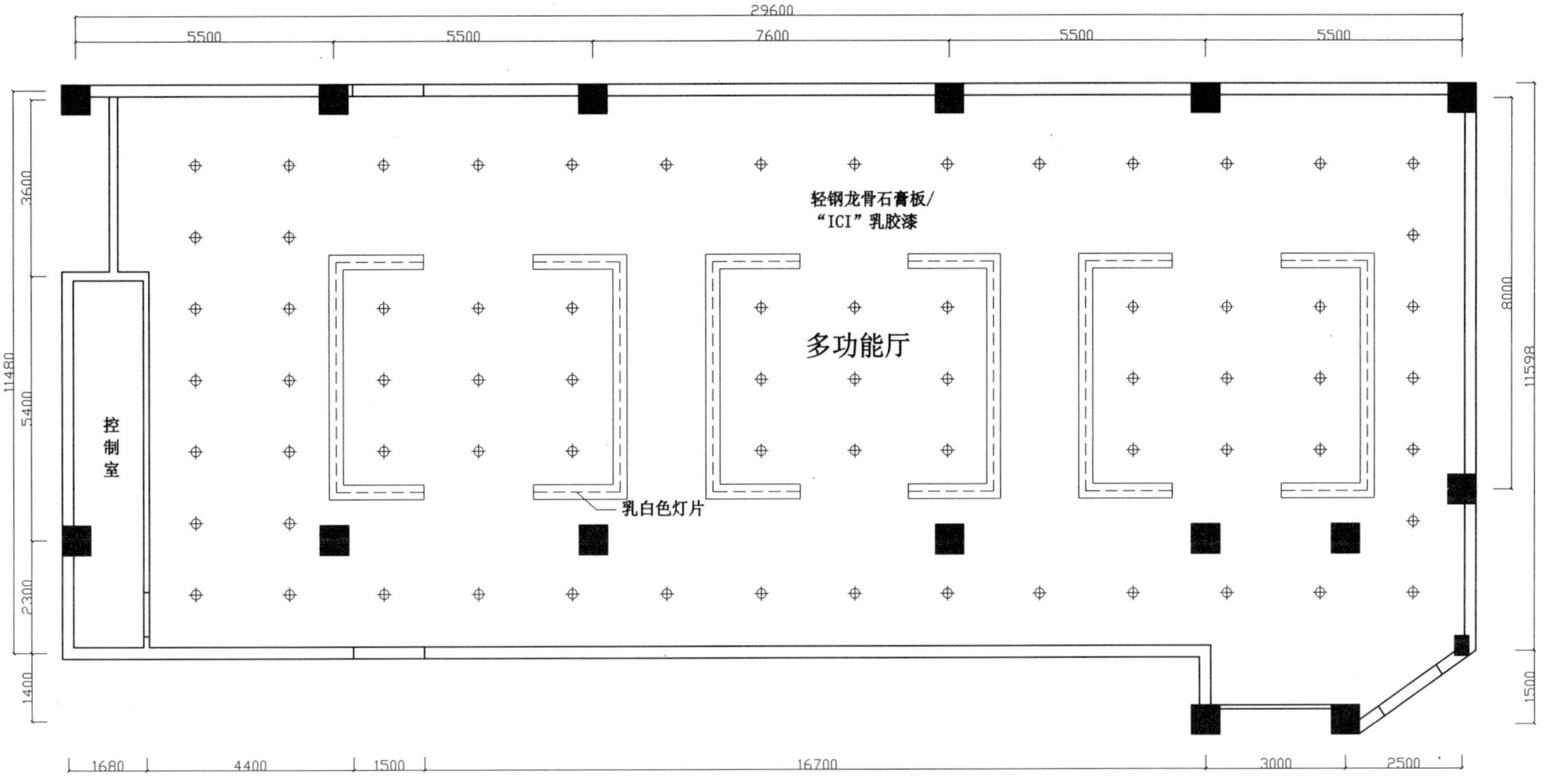

轻钢龙骨石膏板/
"ICI"乳胶漆

多功能厅

控制室

乳白色灯片

深圳市点线面空间设计有限公司

项目 一层多功能厅
图名 顶棚布置图

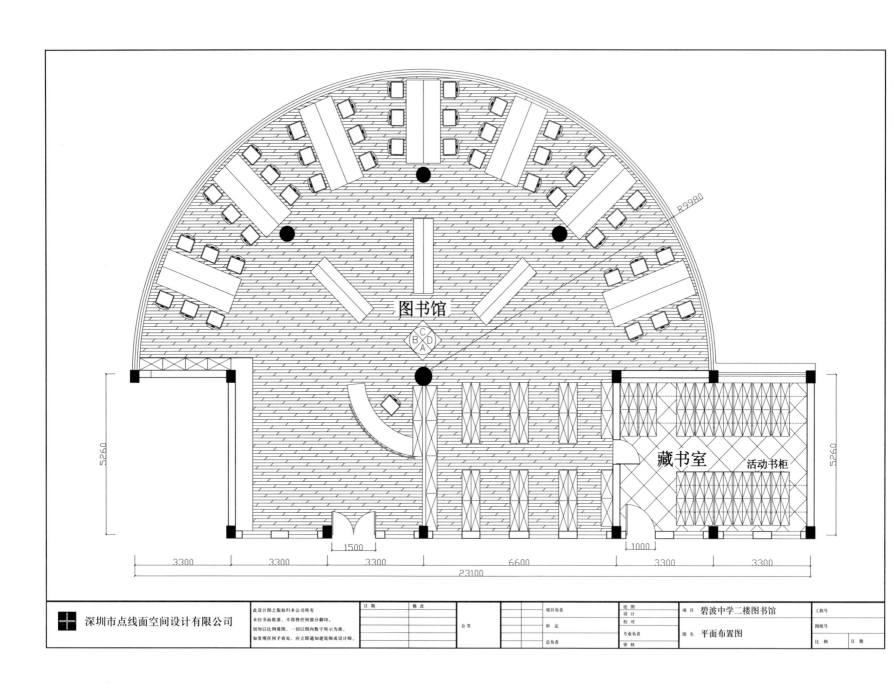

深圳碧波中学教学楼改造装饰工程

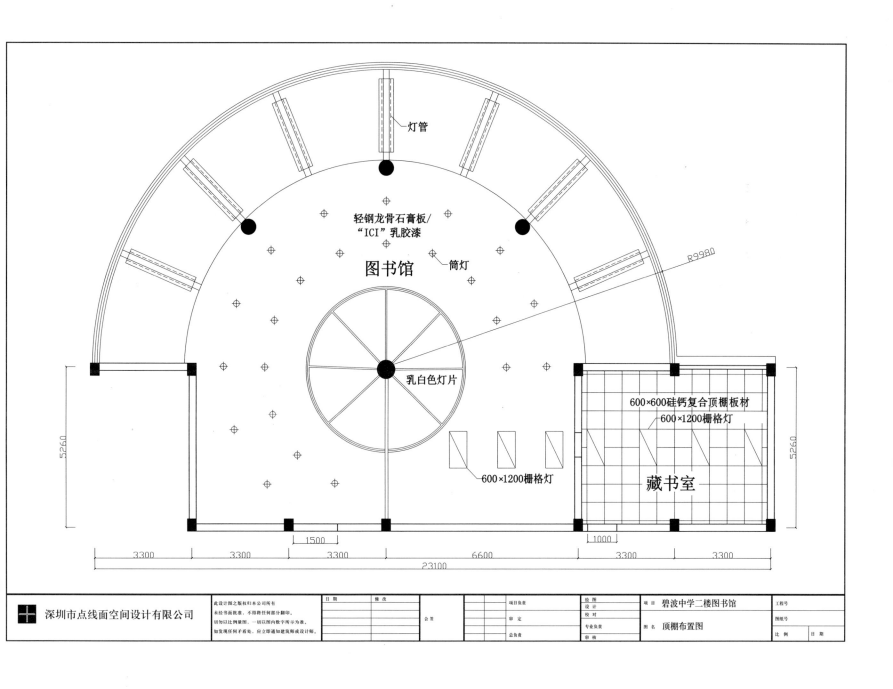

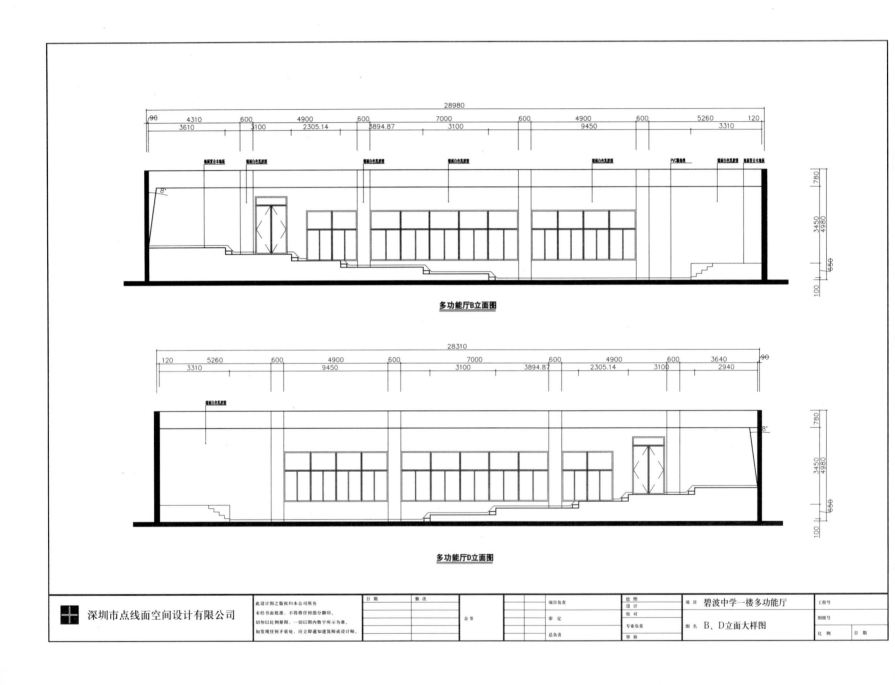

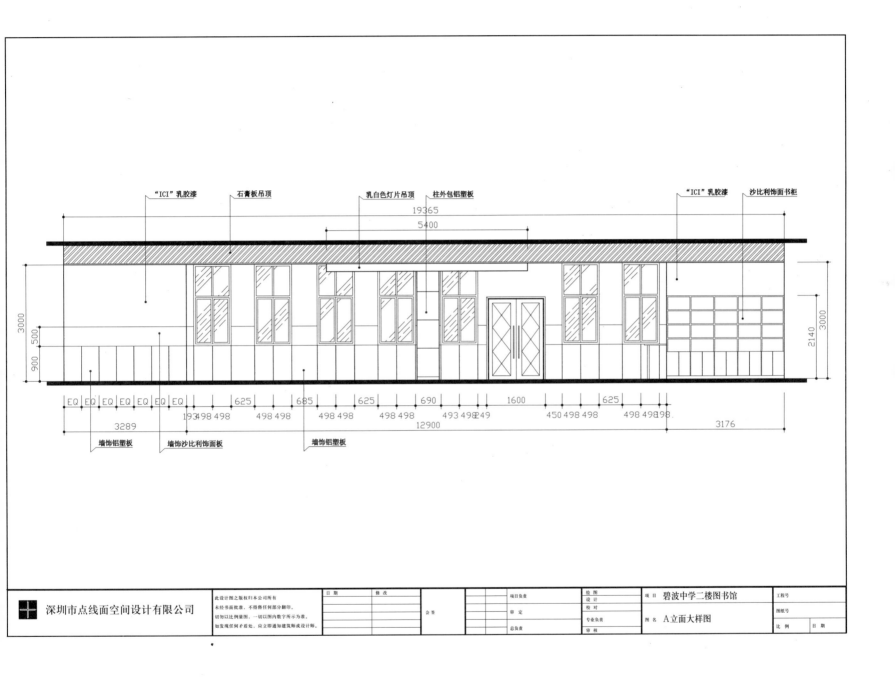

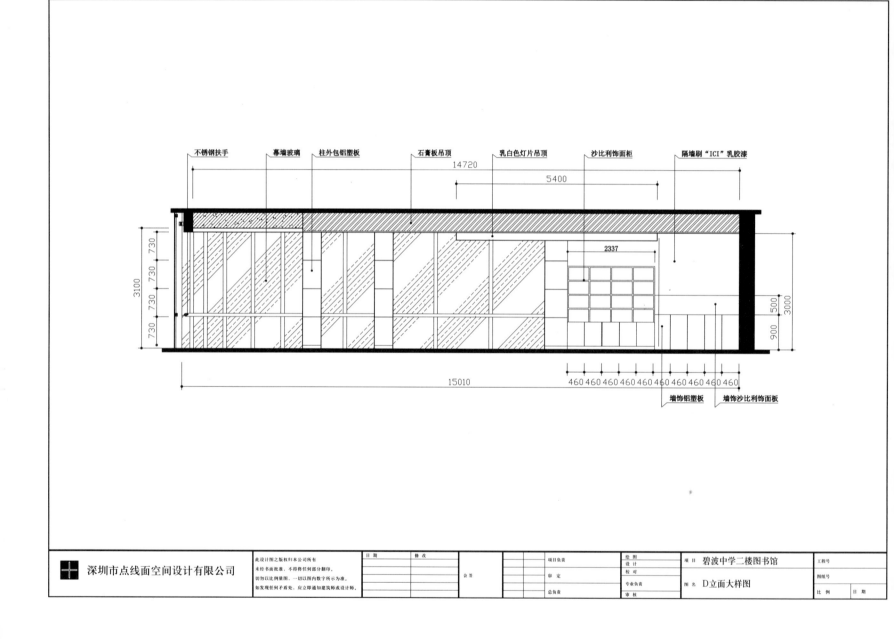

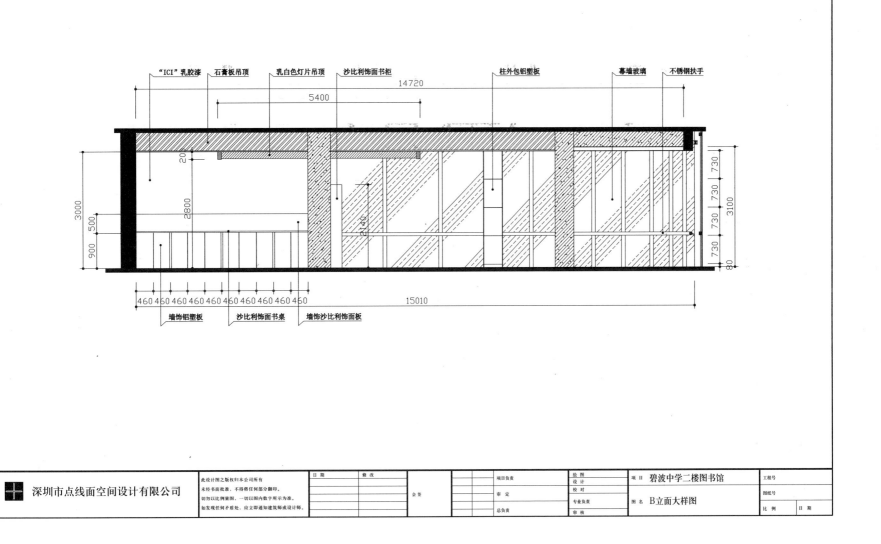

图书在版编目(CIP)数据

概念与空间——现代室内设计范例解析／李建主编．
北京：中国建筑工业出版社，2004
ISBN 7-112-06017-6

Ⅰ.概… Ⅱ.李… Ⅲ.室内设计-案例-分析
Ⅳ.TU238

中国版本图书馆CIP数据核字（2003）第079906号

责任编辑：李晓陶　王雁宾
责任设计：彭路路
责任校对：赵明霞

《概念与空间》
——现代室内设计范例解析
李建　主编

中国建筑工业出版社 出版、发行（北京西郊百万庄）
新华书店经销
制版：北京方舟正佳图文设计有限公司
　　　世界知识印刷厂印刷

开本：787 × 1092毫米　1/12　插页：216
印张：10　字数：400千字
版次：2004年8月第一版
印次：2004年8月第一次印刷
印数：1—2000册
定价：**180.00** 元
ISBN 7-112-06017-6
TU·5290(12030)

版权所有　翻印必究
如有印装质量问题，可寄本社退换
（邮政编码100037）

本社网址：http://www.china-abp.com.cn
网上书店：http://www.china-building.com.cn